U0020355

馬川果記

從諸神的花園、人間的天堂、大眾的果物到現代超市蔬果區，
果園改造土地、誘發哲思、觸動感官的千萬年故事

Taming Fruit:

How Orchards
Have Transformed the Land,
Offered Sanctuary, and Inspired Creativity

Bernd
Brunner
貝恩德·布倫納

著

林潔盈
●
譯

─ 目次 ─

― 序幕 ―

這本書的種子

根據梭羅（Henry David Thoreau）的說法，「人在遷徙的時候，不僅會帶著他的鳥、四足動物、昆蟲、蔬菜和他的劍，也會帶著他的果園。」在歷史上，栽培果樹的努力嘗試將各地區與各大陸聯繫在一起，至今依然如此。因此，它們涉及到不同時期、景觀與國家的相互影響。本書概述了歷史上曾出現過的不同果園類型，以及它們的組織原則。畢竟，果園所採取的形式反映出它所處時代的條件。我還會努力描繪出人們在樹林間的生活和工作，以及它們所啟發的思想。

種植各種植物（與樹木）的地方通常分成兩類：滿足審美目的的裝飾空間和強調收穫的生產空間。從這個角度來看，觀賞性花園是藝術作品，而那些在樹葉遮蔽下生長出光亮果實的花園則是勞動的產物。真的是這樣嗎？果園，至少

在不是工業規模栽培的情況下，就不能是美麗的嗎？在本書中，我們將探索的花園和果園，模糊了這些理當涇渭分明的界線。畢竟，塑造這些空間的方法很多：光影交織、在漫步者面前展開的小徑、可以坐下來的地方，也許還有一個供躲避驟雨的小屋，一個鞦韆。

但是，無論設計得多好，花了多少心思照顧，或是產量有多高，果園在本質上都是一個非永久的空間，儘管它可能已經在人類居住區附近存在幾十年以上。一旦風氣改變，人們從其他地方取得食物，或是主人搬走，沒有人想負責照顧，其他植物就會開始接管這個空間。最後，果園的所有跡象都會消失。然而，即使失落的果園不再出現在任何地圖上，它們確實存在。它們有一段歷史。

也許，我們可以把果園看作是一個舞台，在這裡，果樹和它們的照護者（無論他們是誰）之間上演著一齣非常特異的戲劇。以這種方式來看，果園邀請我們欣賞果實在動物、人和其他植物的陪伴下生長與成熟的複雜壯觀景象。

寫作這本書的原動力，來自幾年前我在一本關於水果種植歷史的新近法文書中發現的一篇文章。文中涉及諸多主題，其一為位於約旦河谷北部的考古遺址「雅各布之女橋」（Gesher Benot Ya'aqov）。研究人員在那裡發現了石器和各種有機遺跡，包括各種水果和堅果，如橡實、扁桃、荸薺，以及阿特拉斯黃連木（*Pistacia atlantica*）這種和開心果有親源關係的常綠灌木。

前頁
荷蘭畫家韋雷斯特（Pieter Hermansz Verelst）在 17 世紀畫下這名年輕仕女時，拿著水果擺姿勢是一種時尚

左圖
酪梨或「鱷梨」，19 世
紀早期

在雅各布之女橋考古遺址發現的遺跡估計有三十萬年的
歷史——這個數字讓人難以置信，我不得不讀了好幾遍。這
意味著這些發現來自舊石器時代，大約在智人可能從非洲大
草原來到這裡的十萬年前。當時，半個歐洲和北美埋在永凍
層下。更重要的是，正如近期研究所顯示，部分遺跡可能比
這個時間還要早得多。

　　看了一眼地圖，證實了我模糊的猜測：幸運的是，我對這個地區有第一手的了解。1980 年代中期，我一度來到以色列北部加利利海附近。我在海邊的阿米阿德基布茲（kibbutz Ami'ad，「Ami'ad」意為「永遠的我的人民」，「kibbutz」音譯為基布茲，指以色列的集體農場）待了幾週，這地方離約旦和戈蘭高地不遠。雅各布之女橋考古遺址離這裡只有 10 公里多的距離。

　　阿米阿德集體農場種植的果樹並非該地區的原生植物。我被派去幫忙收穫其中一種進口水果，也就是酪梨。這種營養豐富的梨形水果起源於墨西哥的森林，可能在現已滅絕的大地懶幫助下，從那裡傳播到巴西。考古學證據顯示，人類在公元前 6000 年左右就已經使用酪梨，但大約一千年後才開始積極種植。由於這種水果的表皮看來像是爬蟲類的皮膚，英語世界最初將它稱為「鱷梨」。

　　這座基布茲的酪梨園至少有幾百棵樹，位於主要定居點的外圍。這些 2 公尺高的樹枝葉開闊，成排聳立，兩兩之間的距離和樹的高度差不多。大多數果實只能用採果器來摘採，我們不時得爬到樹上，穿梭枝幹之間。我們奮力穿過那些彎彎曲曲的樹上厚實的深綠色葉子，從樹枝上將仍然堅硬的酪梨拉下來或扭下。每天晚餐都有成熟滑膩的綠色酪梨果肉。我很快就厭倦了吃酪梨，它們富含的高熱量讓我付出代價，但實在也沒有其他選擇。這種過剩是歷史上果園的一個共同主題，而且正如我所發現的，人們想出加工水果和堅果的巧妙方法，以改變它們的味道和質地，並將它們保存起來

作為全年用以果腹的食物，但儘管有這些努力，他們的飲食往往也像我一樣單調乏味。

前文那篇法文文章中提到的誘人資訊，似乎是要我進一步調查的信號。很久以前就已經有人在這個地方採集水果和堅果之事，讓我著迷不已。雖然我們無法確定是哪一群早期人類留下這些遺跡（直立人、海德堡人、甚至可能是即將到來的尼安德塔人），但我們確知的是，即使在舊石器時代後期，我們的古代祖先已開始從野外採集和加工食物。

當我聯繫上該文作者考古植物學家威爾考克斯（George Willcox）時，他指出，我們老祖先享用的阿特拉斯黃連木，至今仍為敘利亞、土耳其等地的人們食用和使用。石器時代之後，阿特拉斯黃連木除了是果樹之外，也為那些重視它的社群提供單純食物以外的更多價值。這種植物可用於商業和娛樂，也持續發揮作用。它的樹液可以加工成酒精、藥品、香水和香。它的樹皮含有單寧，可用於加工獸皮，而在世界上乾燥多塵的地區，其強健的根系在防止土壤侵蝕方面繼續發揮著重要作用。我們熟悉的開心果與阿特拉斯黃連木同屬。在土耳其東部地區，開心果樹會嫁接在阿特拉斯黃連木的砧木上，這是因為阿特拉斯黃連木為本土植物，較為健壯結實之故。

由於想要更加了解果樹與人類的共演化，我開始追溯果園的歷史。無論是人類或果園，都因為這個共同參與進程而改變。顯然，享用美味水果改善人類的飲食，進而改善了他

們的生活。因此，人類影響了樹木的結構和它們生產令人滿意的果實的能力，讓它們更有吸引力。而除了樹木和果實本身，人類也與果園生長的土地聯繫在一起，他們不但在那裡種植、灌溉和收穫，也在那裡交談、生活與享受。

　　根據我們對農業起源的所有了解，果樹的種植往往與附近的定居家庭關係密切。這片土地被劃為耕地，成為特定家庭或部族的財產。無論這些珍貴的樹木和灌木生長在哪裡，它們的主人都會發展出收集果實的手段。他們從樹上摘取果實；從灌木叢梳摘漿果；從樹枝上將蘋果、櫻桃或李搖下；甚至拍打樹木來讓堅果和橄欖掉進網裡或掉到地上。只要稍加想像，即使在今日，當你走在果樹下或穿過橄欖園時，風吹動樹葉的沙沙聲也會讓人聯想到這些早期社群在享用這些新鮮收穫或者將之加工成油或乾果，以幫助他們度過貧瘠季節的喧囂情景。

　　長久以來，果實的生物生長一直伴隨著漫長的歷史發展，可以與狗、牛或雞的馴化相比較。麥可・波倫（Michael Pollan）根據這些線索提出一個有趣的理論：不僅人類的栽培改變了植物，植物也對人類造成影響，而且這個過程似乎是有意識的。

　　埃及植物學家赫加齊（Ahmad Hegazy）與他的英國同事羅維特─杜斯特（Jon Lovett-Doust）進一步探討了這個觀點，主張：

就植物而言，人類只是或多或少在無意識之間「馴化」
植物的成千上萬動物物種之一。在這種共演化之舞中
（與包括人類在內的所有動物物種一樣），植物必須將
它們的後代傳播到它們可以茁壯成長的地區，從而讓它
們的基因延續下去。

他們繼續說明：

在作物和園林觀賞物種的演化競賽中，人類根據植物的
理想屬性進行選擇與培育，這些理想屬性包括大小、甜
度、顏色、氣味、肉質、油性、纖維含量和藥物濃度等。

在《物種起源》（*On the Origin of Species*）中，達爾文
（Charles Darwin）描述了世世代代果園主和園藝師「幾乎無
意識地」應用的機制：

它包括始終培育最佳已知品種，播種它的種子，當一個
稍好一點的品種碰巧出現，就選擇之，如此繼續下去。

這些成果是無數人共同努力創造的藝術品，他們在歷史
深處被遺忘的果園裡辛勤勞作，始終與大自然的力量通力合
作。從這個角度看，果實是樹木提供的慷慨獻禮（這是對所
有動物而言，牠們都參與選擇特別有用或令人愉快的品種，
增加它們的價值），當然對人類來說也得到了這份贈禮。

— 1 —

有果園之前

幾百萬年前，當大陸逐漸形成我們今日所知的格局，而且冰雪覆蓋了北半球大部分地區的時候，許多目前的溫帶地區仍然具有苔原的特徵。在那個時代，非常小的野生小紅莓、草莓、覆盆子和藍莓遍布大地。後來生長在北方溫帶地區的水果樹和堅果樹（蘋果、梨、楹梓、李、櫻桃和扁桃）的近親也很多。在短暫的夏季，這些野果是各種動物都渴望得到的額外營養來源，從最小的昆蟲到鳥類和爬蟲類，再到最大的哺乳動物皆然。

果實本身，特別是種子周圍芳香馥郁、通常多汁且多少帶有甜味的那一層，最初不過是吸引動物的花招，如此一來，牠們就會將種子帶到另一個可以生長的地方，植物就能藉此傳播出去。在早期人類出現之前，動物幫助推動了產果植物間的天擇過程。例如，鳥類喜歡甜漿果而不喜歡酸漿

果，所以隨著時間推移，成熟漿果的種子（換言之就是那些
能發芽的種子）最能傳播出去。

　　幾年前，紐約大學的人類學家提出一個有趣的論點，認
爲果實在演化過程中扮演的角色比從前所認爲的重要得多。
參與這項研究的靈長類動物學家德卡絲恩（Alexandra De-
Casien）聲稱，飲食中至少部分包括果實的靈長類動物，大腦
明顯比只吃樹葉的動物要大得多。科學家的研究結果顯示，
這是因爲吃果實的動物必須更密集地尋找牠們的食物，而且
要在森林裡認路——換句話說，牠們更倚賴自己的認知能
力。事實上，吃果實而非樹葉的動物，大腦相對於體重的重
量多了 25％。早些時候，一群科學家與來自新罕布夏州漢
諾威市達特茅斯學院（Dartmouth College）的人類學家多米
尼（Nathaniel Dominy）合作，發現黑猩猩顯然可以藉由指尖
按壓的方式來判斷果實是否可以食用。

──
前頁
酸蘋果，出自 14 世紀末
義大利文版《健康全書》
（Tacuinum Sanitatis）

──
下圖
猴子以愛吃水果著稱，
1857 年

　　在樹枝上尋找成熟果實的行爲，以及需要知道在哪裡找
到結果的樹、果實在一年當中的什麼時候成熟，以及
如何將果實從有時堅硬的外殼中取
出等，都是需要高度腦力的活
動，可能讓大腦變得更大。
例如，猴子和人猿對身體與
認知能力的要求比那些只吃
草的動物要高得多。在理
解這種關聯之前，科
學家認爲社會互動

是大腦發展的主要驅動力。

　　植物學家花了很多時間和心思去定義什麼是果實。我建議從果實最終使用者的角度出發，也就是享受果實的人。所以，果實一詞適用於生長於樹木、灌木或小灌木叢上的植物，在歷史的進程中，它們已經被納入人類的飲食。有些種類的果實多肉，中心有一個果核，如櫻桃、李和橄欖；有些

上圖

櫻桃樹，出自 14 世紀末義大利文版《健康全書》，該書最初於 11 世紀以阿拉伯文出版

果實沒有果核而有種子或小核籽，如蘋果、梨和葡萄；有些
果實則又小又軟，如草莓和黑醋栗。一本關於果園的書，必
然也要提及堅果和一種非常引人注目、由倒置的花簇形成的
果實，也就是無花果。

　　果實是我們日常飲食的重要元素。它含有各種維生素與
礦物質、酶和其他對我們身心健康必不可少的物質。維生素
C 就是其中之一。與眼鏡猴、猴子和人猿一樣，人類是靈長
目之下簡鼻亞目的成員。這些靈長類動物和其他一些哺乳動
物，特別是蝙蝠、水豚和天竺鼠，組成了一個不尋常的俱樂
部：牠們都需要攝取維生素 C（亦稱抗壞血酸），因爲牠們
的身體無法自行產生這種物質。雖然抗壞血酸大約在一百年
前才被發現，但是人們很早就認定常吃水果對身體有好處。
傳統說法「一天一蘋果，醫生遠離我」就是這種直覺知識的
證明──儘管現在的科學家知道，一天吃兩顆蘋果比吃一顆
更好。

　　果實的高營養價值並非它吸引我們的唯一原因。我們被
它美麗的顏色和有趣的形狀所吸引，而且享用果實能讓人獲
得複雜的體驗。它的香氣、甜味或酸味、果肉的質地、含水
量和由此產生的乾爽或多汁口感，一切加總起來產生的印
象，讓人一次又一次地去品嘗。我們的祖先很早就知道植物
哪些部分的味道好，哪些部分不能吃，甚至哪些有毒。而且
植物、果實、根和種子都有便於使用的優點。例如，漿果很
容易就能用手採集，食用前不需要進行任何製備或加工。水
果通常可以生吃。顏色提供了水果是否可以享用的線索──

左頁
柑橘類植物（從左到
右）：枸櫞、黃皮（枸
櫞下面）、甜橙和檸
檬，1868 年

顏色是你我比大多數哺乳動物更容易注意到的指標，因爲大部分動物無法區分紅色與綠色。

　　雖然大多數種類的果實最初都相當小，它們仍然值得尋找，因爲採集沒有狩獵所帶來的身體傷害風險，同時能在有限的營養選擇中增加一些種類。人們自然而然經常光顧那些果實味道最好的樹，並在某個時間點開始想把一些種子和植物帶到離家較近的地方種植。終於，早期的果園（也許只有少少幾棵樹）開始在人類定居點附近出現，後來也設置在特定家庭或部族占領的土地上。最初向種植的過渡可能發生在果樹已經自然落地生根的河谷和綠洲等地區。

　　在某個因地區而異的時間點，人們了解到，他們可以藉由選擇和培育特定的樹木來影響結果。我們應該記住，種植果實與野外採集果實從來都不是互斥的活動。從森林中的野生果樹選擇新種類果實，或是將新種類果實移植到人類居住地的外圍，都讓果園的前身逐漸成形，儘管這些早期的果實品種仍然相當原始，與我們今日所熟知者幾乎沒有什麼共同之處。

　　我們栽培的大多數非熱帶水果都起源於具有多種野生果實物種的地方，而這些物種的基因組成也各有不同。俄羅斯植物學家瓦維洛夫（Nikolai Vavilov, 1887–1943）提出一個假設，認爲一個植物物種的「故鄉」是它表現出最大變異的地方。這種遺傳多樣性意味著一種野生果實可能有無數的雜交實例，而且這種雜交是完全自然過程的一部分，不需要任何人爲干預。

左頁
成熟的無花果與典型的
無花果葉，18 世紀

上圖
一座伊朗果園採收石榴
的情景

　　隨著基因重新混合，植物和果實與它們的祖先有了細微的差異。較大的雜交種更可能被尋找到，並由動物將種子傳播出去。這種遺傳活動的中心主要位於具有地中海氣候或亞熱帶氣候的地區，特別是靠近地中海本身、中東、西南亞到中亞、印度次大陸和東亞。非洲、南美和澳洲的大部分地區也是遺傳熱點。

　　2006 年，一個由美國和以色列科學家組成的團隊發表了一項研究成果，在考古植物學界引起相當大的波瀾。他們在約旦河谷下游發現了六個小無花果，似乎是人為栽培的——換言之，它們是刻意種植的。研究人員測定，這些遺跡的歷史在一萬一千兩百年至一萬一千四百年之間。這個發現顛覆了一般認定的農業發展順序，即先穀物後果實，至少在

這個有記載的案例中是如此。然而，這個誘人的發現無法告訴我們這幾棵樹是怎麼組織的，或者由此形成的空間會是什麼樣子。

此時此刻，沒有什麼比向大家介紹世界上第一座果園的歷史紀錄更讓我高興的：可愛的樹木和美味的果實，還有在那裡度過時光的人和動物。遺憾的是，我沒辦法做到。但是關於果園發展的些許事實是相當確定的，可以讓我們有一點概念。

是無花果、橄欖、椰棗，還是石榴，最早啟發人類種植自己的果樹林？要回答這個問題，最大的問題在於，儘管這些物種的碳化遺骸都存在，但通常不可能分辨出這些標本來自野生品種或栽培品種。即使科學家能相當精確地測定出發現物的年代，這個障礙仍然存在。從野生植物到栽培植物的轉變需要非常長的時間，其體徵出現的速度非常緩慢。

然而，世界上確實存在著一個可靠的栽培標識：在通常發現植物的地區之外發現的遺跡，往往顯示這些標本是刻意種植並以無法自然流經的水源來灌溉。其中一個例子是死海北部發現的橄欖核和橄欖木殘骸。

人類從野生樹木上收穫橄欖的最早證據，來自一個類似的地理區域，可以追溯到後舊石器時代，即舊石器時代與新石器時代的過渡時期（公元前 15,000 年至公元前 10,000 年）。多年來，考古植物學家的廣泛共識是，人類最早在六千年前於死海以北與加利利海以南的約旦河谷地區種植橄欖樹。然而，最近使用改進的分析方法進行的研究顯示，早期

的橄欖種植發生在地中海地區、中東（包括賽普勒斯）、愛琴海地區和直布羅陀海峽周圍許多地方。這些原始的野生基因庫為橄欖在更廣闊範圍的種植和培育提供必要的基礎。

我們是否可能更精確地界定橄欖樹馴化搖籃的位置呢？在幼發拉底河谷中部，靠近目前土耳其與敘利亞的邊界，研究人員發現青銅時代栽培橄欖木木材和種子的遺跡。橄欖樹的一個巨大優勢，在於它們能在相對貧瘠的土壤中生長。《聖經》中多次提及橄欖樹和橄欖油，說明這種果實在整個中東地區的重要性。例如，〈詩篇〉一二八篇第三節就有一個令人難忘的對比：

你妻子在你的內室，好像多結果子的葡萄樹；
你兒女圍繞你的桌子，好像橄欖栽子。

中東地區仍有大片的橄欖林。在早已回歸自然的田野上，仍然可以發現廢棄的油坊，儘管有時只是支離破碎的廢墟。它們生產的油用作軟膏、燈油，以及香水和化妝品中的香料溶液。

歐洲最西部的葡萄牙阿連特茹（Alentejo）也有橄欖園：一望無際的橄欖樹在赭色的土地上延伸，經常隨著連綿起伏的山丘分布。唯一的干擾是散落其間的農莊，白色的建築在陽光下閃閃發光。除了啁啾鳥叫、有節奏的蟬鳴或騾子蹄聲，幾乎聽不到其他聲音。整片土地瀰漫著橄欖碾磨加工過程所產生廢水的特殊氣味，濃郁中帶著香甜。

橄欖樹的樹齡往往長得驚人。例如葡萄牙那棵多節瘤的
穆尙橄欖樹（oliveira do Mouchão），估計已有三千三百五十
年樹齡。它矗立在葡萄牙中部的阿布朗提斯（Abrantes），與
特茹河（Tejo river）的直線距離只有 1 公里。這棵樹底部的周
長爲 11.2 公尺。義大利薩丁尼亞島、蒙特內哥羅和希臘也有
同樣古老的橄欖樹。走筆至此，橄欖「傳記作者」羅森朗
（Mort Rosenblum）的話最適合爲這個題目作結：「在有人
發明文字來記錄此一事實之前，橄欖就已經被馴化了。」

― 2 ―
棕櫚葉的沙沙聲

自古以來，陰涼的棕櫚林一直是極受游牧民族歡迎的休憩場所。椰棗樹在古埃及、敍利亞廣闊的大草原、阿拉伯半島的沙漠和美索不達米亞等地的角色尤其重要。在沙烏地阿拉伯哈伊勒地區（Ha'il）耶蒂山（Jabal Yatib）懸崖上發現的棕櫚、人和動物壁畫，顯然可以追溯到青銅時代。新石器時代用棕櫚葉裝飾的陶器，顯示人類早在那個時期就使用這些樹木。出土於尼羅河谷最古老的木乃伊，則包裹在棕櫚葉製成的墊子裡。

對於生活在今日坦尚尼亞奧杜威峽谷（Olduvai Gorge）這類地方的智人來說，綠洲必然是乾旱時期生存的關鍵。將近一百年前，澳裔英籍考古學家柴爾德（Vere Gordon Childe）提出「綠洲理論」。他認為，人類朝向農業生活方式的轉變發生在綠洲和河谷，因為在更新世末期（極端乾旱、動植物

極其稀少的時期），人類在這些地方尋求庇護。儘管農業起源於綠洲的見解早已受到駁斥，綠洲長期以來確實在人類生活中扮演著核心角色。

許多不同的因素決定了人群是否在綠洲定居——換句話說，那裡是否有持續居住的建築存在，或者在這些地方度過的時間只是主要游牧生活中的一個臨時駐點。無論如何，棕櫚這種植物很可能是這類植物群體的基石，其角色主要在於提供庇蔭讓其他樹木或灌木得以生長。這些小樹林可能在早期文明於新月沃土附近發展之前就已經存在，新月沃土是中東的一個新月形地區（因形狀而得名），那裡有一些世界上最早先進文明的遺跡出土。

綠洲通常位於古老的貿易路線上，有助於長距離的移動，我們可以把它們想像成旅行者補充淡水和果實的補給站。它們的分布如從埃及中部到蘇丹的「達布艾爾阿爾班駱駝路線」（Darb el-Arbain，又名「四十日路線」），從阿拉伯南部（今日的阿曼和葉門）到地中海的熏香之路，從尼日到摩洛哥北部丹吉爾（Tangier）的路線，以及連接歐亞大陸兩側的傳奇絲路的幾個關鍵路段。

要將貧瘠的土地轉變為高產的地區，必須倚賴將珍貴水源引入乾旱地區的手法。這些方法隨著時間的推移變得越來越複雜。只有在地下水流經、能挖洞打自流井的地方，才能發展或創建出綠洲。由於這些井位於地下水位以下，它們的水壓高於地表壓力。因此，鑿井之後，水會自己從井口上升。自流井可以位於地面下 80 公尺之處，在早期只能用鶴

前頁
棕櫚樹下小憩，加那利群島，1960 年

左頁
綠洲：棕櫚樹、水、駱駝與貝都因人相遇之處，20 世紀早期

嘴鋤去挖。用棕櫚葉編成的籃子和棕櫚纖維做成的繩子，可以將鬆散的沙子或灰塵帶上來。總之，在綠洲栽培種植的技術挑戰是相當大的。此外，一般而言缺水的情況也很複雜，可用的少量水會迅速蒸發，留下的鹽分進一步吸走植物中的水分，對植物造成傷害。

有句老話說，椰棗要長得好，必須「頭頂著太陽，腳浸在水裡」。成熟椰棗樹的根可以深入土壤，往下達到地下水處。這似乎很矛盾，但棕櫚的根實際上與生活在沼澤地或水生燈心草的根類似。此外，儘管這些植物的生長條件截然不同，它們都有纖維狀的墊狀根系，可以防止土壤侵蝕──一個生長在非常乾燥的環境中，另一個在非常潮溼的環境中。就其結構而言，棕櫚就像燈心草，是單子葉植物──換句話說，它們更像草而不是樹。棕櫚在單子葉植物中是非常獨特的，因為它們的莖能夠變粗，也能長高。它們對水質的要求出奇的低，即使是鹽度非常高的水或微鹹的水都沒有關係。然而，它們非常怕低溫：只要溫度降到攝氏 7 度以下，它們就停止生長。

偉大的博物學家洪堡德（Alexander von Humboldt）曾將棕櫚稱為「所有植物中最高大宏偉的一種」。雖然棕櫚科植物有超過兩百個屬，將近三千物種，種與種之間差異非常明顯，但這個科的所有成員仍有一些共同特徵：葉子簇生在樹

上圖

大藍耳輝椋鳥（Greater Blue-eared Starling）愛吃椰棗，1828 年

幹頂端，細長複葉沿著樹葉中肋兩側排列（中肋有時較大有時較小），樹幹細長無枝幹。

　　據傳，椰棗樹誕生於底格里斯河與幼發拉底河之間的某個地方，由天火和地水混合而成。此後的研究不僅對這個可疑的起源提出質疑，也不相信傳說中的位置。現在的科學家認為，世界上最早的棕櫚出現在阿拉伯半島的東海岸。此一理論是基於蘇美首都烏爾（Ur）遺跡中發現的楔形文字銘刻，描述如何在很久以前就已經種植了這些樹木。根據這些記載，神話中的天堂迪爾穆恩（Dilmun）的居民，在離開他們的家鄉前往美索不達米亞時帶來了棕櫚樹。（據說迪爾穆恩是一個先進文化的所在地，根據描述，它位於現今的科威特與卡達之間，因此很有可能是在巴林島。）

　　這種栽培椰棗的植物學起源還沒有確定下來。這種樹可能是一種已經不存在的野生棕櫚的後代，但也可能與今天仍然生長在許多遙遠之地的棕櫚樹群有關。這群棕櫚包括維德角群島上罕見的維德角海棗（*Phoenix atlantica*）；分布於非洲熱帶地區、馬達加斯加和葉門等地形態細長的塞內加爾海棗（*Phoenix reclinata*，又名非洲海棗）；以及分布於巴基斯坦、印度和亞洲其他地方的銀海棗（*Phoenix sylvestris*）。海棗屬（*Phoenix*，別名刺葵屬）底下的十四個種全都可以雜交，它們之間唯一的主要區別在於生長地點。

　　在北非和阿拉伯地區，富含容易消化的醣類、蛋白質、礦物質和維生素的椰棗（*Phoenix dactylifera*）果實，向來是

人類和動物的重要營養來源。無
數的菜餚和甜點用上新鮮或煮熟
的椰棗。這種果實往往在它生長
的綠洲或種植園現場加工，放入
大銅鍋中加水煮成泥狀，便可用
作各種食物的甜味劑。

　　早在希臘地理學家史特拉波
（Strabo）的時代，評論家就知
道棕櫚樹的某些部分可以用來釀
酒、製醋、釀蜜、製麵粉，以及
做各種纖維和墊子。棗核可以當
作燃料，或是餵養動物。在木材
稀缺的美索不達米亞南部，樹幹
是非常理想的材料，可以用來打
造農具、家具和戰船或商船。傳
統上，在綠洲工作的農民會用棕
櫚葉來建造小屋。它們非常適合
這種用途，因爲樹幹很長（超過
4 公尺），可以編織成既能遮陽
又讓空氣流通的結構。

　　人們顯然很早就知道如何促
進椰棗繁殖。這些植物可以長到
將近 30 公尺高，直入天際。授
粉通常是借助於風，偶爾也倚賴

昆蟲將花粉從雄花帶到雌花上進行，但不常見。由於雄花與雌花分別生長在不同的樹上，依靠氣流讓它們結合是一件很冒險的事。為了確保盡可能多的雌花被授粉，專門人員在1月到3月之間，用從樹上摘下的雄花費力摩擦雌花的花莖。他們越徹底地執行這項艱巨的任務（希臘學者泰奧弗拉斯托斯〔Theophrastus〕稱為「撒粉」），隨後的椰棗收穫就越豐盛。而這種收穫確實是相當大的：一棵樹可以生產高達140公斤的椰棗。考慮到這一點，就不難理解為何椰棗被稱為「沙漠麵包」。美索不達米亞亞述文明的浮雕經常描繪園丁為樹木撒粉的情景。這些亞述園丁或撒粉者之所以願意徹底執行任務是有動機的，因為他們可以分享果園成功的果實，獲得三分之一的收成。

左頁
一位無名詩人曾將椰棗樹讚為樹之女王、椰棗是天堂的果實，1821年

　　採收椰棗的時候有一個很有趣的難題，即在秋季收穫時，同一串上的所有椰棗不會同時達到相同的熟度。在自然過程中，不同的成熟速度意味著可以在更長的時間內享用到新鮮椰棗，但這種優勢卻是有效商業運用的障礙。然而，人們發現一種可以減少收穫時損失的方法：在果實還沒成熟時先行摘採，放在陰涼處讓它們慢慢成熟。人們也發現，在果皮上劃小切口可以幫助催熟。

　　另一個欺騙自然以增進果實收成的訣竅是只種植雌樹，因為它們才會開花結果。如果讓樹木自然繁殖，就像在未開墾的綠洲一樣，那麼從落果或果核中發育出來的棕櫚有一半是雄樹。此外，從棗核長出的幼苗需要大量的水才能存活長高。後來，綠洲居民意識到，他們可以藉由從成熟雌樹樹幹

取下插條來種植的方式避開這個問題，這些插條會長成新的雌樹。這種手法可以將幼樹不結果的時間縮短到四至五年，而且更成熟的椰棗樹可以承受更長的乾旱期。至於雄樹則種植在不同的地方培育花粉，花粉本身就是一項重要的作物，在整個阿拉伯地區的市場上都有買家。除了對果實栽培至關重要之外，人們長久以來就相信椰棗花粉可以幫助生育，也有助於治療許多疾病。

　　作為綠洲中長得最高的植物，棕櫚決定了那裡植物生態系的垂直結構。它們寬大的樹冠提供保護，對於下方涼爽、潮溼的微氣候至關重要。依各地的氣候條件和地區食物偏好，生長在棕櫚下的產果植物包括無花果、石榴、棗、橙、杏、芒果和木瓜樹等。與健壯結實的棕櫚相較，這些長得不那麼高的植物對陽光直射、高溫和乾燥更敏感。葡萄藤也可能直接纏繞在這些小樹上生長，或是長在為它們提供的額外支撐物上。至於再往下的地面層，農民經常種植對人類有某種用途的一年生植物，例如蔬菜、香草、穀物、棉花、菸草或大麻。將這三層植物結合起來，可以提高土地的生產力，同時又不會明顯改變灌溉所需的努力，這種作法至今仍然是中東和北非地區的特色。沒有這種分層的棕櫚綠洲不需要進行密集栽培，所以游牧民族只需要偶爾前去給花授粉和收穫椰棗即可。

　　幾個世紀以來，旅者記下了棕櫚留給他們的印象，特別是當它們種植在城市環境附近，營造出實用結合娛樂的環境。閱讀奧地利記者史威格—萊亨菲爾德（Amand von

左頁
利比亞綠洲城鎮古達米斯（Ghadames）的溫泉，1931 年

Schweiger-Lerchenfeld, 1846–1910）描述他在 19 世紀晚期
於巴格達的經歷後，誰都會嚮往去棕櫚林走一遭：

> 它們被乾牆環繞，牆壁上方長滿了灌叢與藤蔓，淺淺的
> 灌溉渠之間，茂盛的植被開花發芽，有宜人的酸橙樹、
> 橙樹和無花果樹形成庇蔭，也有結著豐碩果實的高大棕
> 櫚聳立。在這個綠意盎然、生氣蓬勃的環境中坐落著幾
> 間小型住宅，下層涼爽的房間在難以忍受的炎熱夏日提
> 供庇護，到了傍晚時分，居民可以前去露台上享受涼爽

微風的吹撫，以及從樹梢上垂下的成熟果實。許多這樣
的花園就坐落在底格里斯河兩岸城區的下方。

諸神的花園

雖然廣大的中東地區早期果園之間存在著大量的差異，我們仍然可以區分出那些與皇室生活方式相關的果園，以及那些旨在有效栽培樹木以最大限度提高水果收穫的果園。第二個類型的果園位於定居點之外，而第一個類型所種植的果樹往往包含在大型花園內，目的不只是爲了單純的果實生產，還包括休憩、展示財富、形塑知識探索，尤其是那些涉及主人當前及未來與諸神之間的關係的地方。

那些宮廷花園的痕跡偶爾可以從素描、浮雕，甚至繪畫和考古遺跡當中蒐集到。至於更簡單的家庭花園或是作爲商業經營的果園，幾乎沒有任何美學上的考量，一般來說都消失在歷史洪流之中，或者最多只是在沙漠中留下一些模糊的線索。

古代歷史學家希羅多德（Herodotus）將古埃及稱爲「尼羅河的禮物」是有充分理由的。在尼羅河三角洲與河流兩側狹窄綠色河岸以外的地方，農業必須倚賴持續的灌溉系統。改變河水流向，讓河水流到原本貧瘠的地區，是非常重要的。打造這樣的系統很昂貴，並不令人意外，所以灌溉的土地也就成了財富的象徵。

那些有能力灌溉花園的人，不僅僅是爲了提高自己在同儕之間的聲望——我們也會看到，創造一座花園對來世有影響，描繪諸神照看著自然循環的藝術作品顯示，人們深信諸神會確保花園豐收。

一幅來自十八王朝（公元前 1554 年至公元前 1305 年）的底比斯壁畫，描繪樹之女神在西克莫無花果（sycamore）樹上舉著樹的果實。西克莫無花果樹是屬於桑科植物的落葉樹，高度可以長到近 15 公尺，樹冠外圍可達逾 25 公尺。這種樹的無花果狀果實直接從樹幹或較老的樹枝上長出來，簇生的果實狀似葡萄——植物學家將這種生長現象稱爲「莖花現象」（cauliflory）。儘管西克莫無花果的味道遠不如「眞正的」無花果，它仍被視爲美食。除了椰棗和西克莫無花果之外，古埃及的果園還有進口自遙遠東方的石榴樹。發展成強大的帝國後，古埃及的文化開始出現來自敍利亞、巴勒斯坦、地中海其他地區和南部地區的影響。

古代浮雕描繪著在人工水池周圍生長的小樹林，那是個別墳墓景觀美化的一部分。樹上的果實是爲了避免死者口渴，並爲他們提供營養，大型棕櫚葉則是爲了給他們帶來新

——
前頁
印度德干高原的果園，
約 1685 年

鮮空氣。在特殊情況下，人們會讓過世者的雕像划過池塘，
好讓他們欣賞花園的景色。

　　藉由莎草紙上的古代文獻之助，如公元前 1250 年創作的
《死者之書》（*Book of the Dead*），我們對這些結實纍纍的
花園能有相對清晰的認識。在該書第五十八章的一張小圖
中，阿尼（Ani）和他的妻子圖圖（Thuthu）在有水流經的水
池中。他們的左手握著象徵空氣的帆，右手浸在水中喝水。
水池四周的棕櫚上掛著一串串椰棗。

上圖
索貝克霍特普之墓（tomb
of Sobekhotep），底比
斯（今埃及路克索），
約公元前 1400 年

上圖
摘採和享用無花果，赫努姆霍特普二世之墓（tomb of Khnumhotep II），埃及貝尼哈桑（Beni Hasan），約公元前 1950 年

我們也可以看看後世埃及學家的作品，例如羅塞里尼（Ippolito Rosellini, 1800–1843）嘔心瀝血留下的畫作。羅塞里尼隨著法國—托斯卡納探險隊前往阿布辛貝（Abu Simbel）時，從埃及古蹟上複製了數百幅圖像，有些從鳥瞰角度展現花園景觀，有些描繪葡萄或無花果收穫的場景。他最重要的作品《埃及與努比亞的遺跡》（*I Monumenti dell'Egitto e della Nubia*, 1832–1844）是這些豐富多彩繪畫的選集。如果現存的圖像無誤，那麼布置在宮殿內或宮殿附近的花園是小巧且非寫實的領域，水池被一排排對稱的樹木圍繞，池子裡有觀賞性植物，另外還有一些魚、睡蓮和鳥。圖像中有時也會出現穿著輕便的人，他們姿態優雅地照顧著樹木或收穫果實。

　　這些宮廷花園也是人類可以向諸神獻祭或向祂們奉獻物品的地方。由於花園是諸神在人間時特別讓祂們感到愉悅的地方，它們似乎特別適合用作這種儀式和奉獻活動。適合花園的神祇取決於那裡種植的果實種類。例如，葡萄藤之神是歐西里斯（Osiris），葡萄的收穫有其特定的神祇，卽雷內努特女神（Renenutet），甚至用於壓榨葡萄的器具也有個神聖的代言人，卽獅頭或公羊頭的舍茲姆神（Shesmu）。

　　研究人員發現，古埃及的葡萄栽培起源於史前的奈加代（Naqada）時期。來自東北部三角洲和綠洲的葡萄特別珍貴，這說明葡萄園位於城市和宮殿之外。葡萄藤生長在由水平枝條與叉狀椿巧妙搭建的棚架上。在拉美西斯時期，葡萄園擴大到一座園區可能需要一百多名工人的程度。除了葡萄，人們還用無花果、椰棗和石榴釀酒，該時期的文獻記載往往模糊了葡萄園、果園與棕櫚林之間的區別。公元前第四個千禧年的末期，商人在埃及與黎凡特（或當時的迦南）之間運輸釀造酒：在尼羅河西岸的古埃及中部城市阿拜多斯（Abydos），法老蠍子王一世（Pharaoh Scorpion I, ca. 3200 BCE）的墳墓中出土了一系列在巴勒斯坦製造的酒罐。

　　古埃及也有其他類型的果園，純粹是爲了種植水果而存在。（當然，在這些地方工作的人可能也會享受快樂或放鬆的時光，但沒有任何文獻紀錄如此顯示。）埃及中部尼羅河東岸阿瑪納考古遺址（Tell el-Amarna）的發現顯示，這類大型商業區域被分割成果園、葡萄園和菜園等獨立的區域。一道牆包圍著整片種植園，種植不同作物的地塊也被圍起來。

　　儘管歷時久遠，我們還是獲得一些有關阿瑪納等地工作情形的證據。園丁的社會地位不高，工作條件也很艱苦：他們整天在烈日下勞作，連遮頭隔熱的東西都沒有。扛著沉重的水罐往往讓他們的脖子上長滿了瘡。工頭會不斷逼迫他們繼續工作。但正如一些來自墳墓的圖像所示，工人偶爾有機會在陰涼處休息和恢復體力。

　　在果實成熟的過程中，其中一項重要的任務是趕走在樹上和葡萄藤上劫掠果實的成群椋鳥與長尾鸚鵡。（用網子罩住椰棗串保護它們不被飢餓的動物吃掉的作法是後來才發展出來的。）惡名昭彰的狒狒會撕咬花朵和年輕棕櫚的樹莖內芯。老鼠也會造成威脅，成群的蝗蟲可以在幾分鐘內摧毀所有作物。

　　採收果實時，工人揹著籃子爬到樹上，把果實摘下裝入籃中，再把裝滿的籃子用繩索垂吊下去。梯子顯然不常見，但人們也會把馴養的猴子拴在牽繩上，讓牠們爬到無花果樹和棕櫚樹上採果。

　　即使是最注重生產的果園，也瀰漫著一種愉悅感。「都靈情色紙莎草」（Turin Erotic Papyrus）這份來自新王國時期（公元前 1550 年至公元前 1080 年）的手稿，有用各種果樹的聲音寫成的情詩。（這份迷人的文獻還包含已知最早的性交描述──這是食用水果與其他感官愉悅之間長期關聯的早期範例。）我們可以從有關石榴的描述來感受一下：

　　　　就像她的牙齒，我的種子，

就像她的乳房，我的果實，
果園裡〔我是最重要的人〕，
因為我每個季節都在。

美索不達米亞的發現也顯示出各種果園和花園的存在：
為滿足菁英階層代表性和娛樂目的的果園，以及那些專門用
於生產食物的果園。這種區別與古埃及類似，但這兩個區域
的條件非常不同：在自然狀態下，美索不達米亞經常被泥土
覆蓋的寬闊平原並不適合種植植物。人們首先得控制底格里
斯河和幼發拉底河的水，然後挖掘運河將水引入田地。如果
沒有這種大規模的地貌重塑，到公元前3世紀上半葉已經覆
蓋整個地區的棕櫚林和耕地是不可能存在的。

關於這些最初的花園可能是什麼樣貌，確實是有線索存
在的，但它們的時間晚了很多。亞述國王阿蘇爾納西爾帕二
世（Assurnasirpal II，公元前9世紀）花了很大力氣將他在底
格里斯河畔的首都尼姆魯德（Nimrud）與水源連接起來：

我從上扎卜河（Upper Zab）挖出一條運河，它穿過一
座山峰，被稱為「豐盛運河」。我灌溉了底格里斯河的
草地，在附近開闢果園，種植各種果樹。我種下了我在
所經過國家和所穿越高地發現的種子與植物：不同種類
的松樹、不同種類的柏樹和檜樹、扁桃、椰棗、烏木、
花梨木、橄欖、橡木、檉柳、胡桃、圓柄黃連木和白蠟
樹、冷杉、石榴、梨、楹梓、無花果、葡萄藤等。

運河水從上方湧入花園中；香氣瀰漫在人行道上，流水
如天上繁星一般在歡樂的花園裡流淌……我像一隻松鼠
一樣，在這座滿是愉悅的花園裡摘採水果。

在一個少有樹木自然生長的地區，這樣的收藏必然是相
當奢侈的。更重要的是，由於這些樹木來自帝國各地，需
要精心照料，因此也展現出統治者的權力和影響力。當薩
爾貢二世（Sargon II，公元前 8 世紀）建造新都杜爾舍魯金
（Dur-Sharrukin）時，他也納入花園。訪客甚至可以在那裡
獵獅和練習馴鷹，因此這些皇家園地必然模仿了植物和地貌
的自然配置，而且占地也比古埃及的同類場地來得更大，設
計更多樣。在這些空間裡，果樹完全被整合到用於休憩放鬆
的場地中，而這些空間吸引的野生動物與生長在那裡的植物
一樣重要。

薩爾貢二世的繼任者辛那赫里布（Sennacherib，公元前
7 世紀）修建了一條水渠，以便將水從山上引到亞述城市尼
尼微（Nineveh），該城位於底格里斯河東岸的上美索不達
米亞，靠近今天伊拉克的摩蘇爾（Mosul）。（過去三十年間，
科學家已經確定尼尼微可能是傳說中巴比倫空中花園的所在
地。）辛那赫里布是這麼說的：

為了阻止水流過這些果園，我製造了一個沼澤，在裡面
設置了藤柵，然後將蒼鷺、野豬和森林野獸等放了進
去。在諸神的命令下，藤蔓、各種果樹和香草在花園裡

茁壯成長。柏樹和桑樹長得又大又多；藤柵很快就長得
又高又大；鳥和水鳥都在這裡築巢；母野豬和林中走獸
都在這裡大量繁殖。

尼尼微後來出土的一塊石灰岩浮雕描繪著新亞述帝國國
王亞述巴尼拔（Ashurbanipal，公元前 7 世紀）在一座鳥語
花香的花園裡，躺在爬滿蔓藤的藤架下休息。王后坐在他身
旁的一把高椅上。這個所謂的遊園場景給我們留下優雅、精
緻的印象，也展示了各式各樣的植物。

除了寺廟裝飾中的植物設計，幾乎所有與美索不達米亞
花園有關的東西都已經隨著時間而消逝。然而，考古學家認
為，這裡和埃及一樣，在城市外有些耕地，周圍有黏土磚、
夯土或石頭砌成的高牆以防止盜賊和動物。牆代表邊界，表
示牆內的植物經過挑選，組成一個新的整體，遵循著與外界
不同的規則。它們包含著一個需要照顧和保護的寶藏，如此
一來，這寶藏才能成熟為造福人類的東西。它們也象徵著對
所有權的主張。而且，按照它們把花園與周圍環境隔離的程
度（不讓人看到花園圍牆後的東西），它們可能喚醒人們的
渴望，激起人們對園內寶藏的幻想，而這些幻想也許與現實
並不相符。

位於河邊的低窪地帶或是低於灌溉渠的地方，最適合種
植樹木和其他植物。但汲水吊杆（一種用槓桿操作的水井）
很快就被廣泛用於將水輸送到較高的地方。城市不是生產花
園和果園的理想地點，原因很簡單，舊建築的廢墟上不斷建

上圖

操作汲水吊杆的園丁，
伊普伊之墓（tomb of
lpuy），底比斯（今埃
及路克索），公元前
1250 年

起新的建築：灌溉用水必須輸送到越來越高的地方。這個地區的一項關鍵技術發明是稱為「阿基米德式螺旋抽水機」（Archimedes screw）的裝置，它讓從蓄水池中向上抽水變得更加容易，而蓄水池則是以運河為水源。（有趣的是，這種泵似乎在阿基米德出生前四百年就已經開始使用了；它可能得名自阿基米德是第一個描述其工作原理的人。）

在亞述王國的一個官方語言阿卡德語（Akkadian）中，果園是「kiru」，園丁稱為「nukarribu」。他們的工作需要的不

僅僅是對樹木的了解：他們還必須了解灌溉系統，並能指導創建一個完整的渠道網絡，讓每株植物都能得到所需的水。書面資料中出現的名稱，例如「底格里斯河畔的棕櫚園」，進一步證明這些果園確實坐落於河流或灌溉渠道旁邊。大多數花園由政府管理，要麼由宮廷官員經營，要麼租用。在後者的情況下，經營者依宮廷巡查員估計的收成支付一筆費用——這個制度旨在防止官員試圖欺騙政府或對費用數額產生爭議。

　　然而，美索不達米亞的果園不僅僅是人們利用現有知識栽種植物以收穫珍貴果實的地方。它們也是為數不多的幾個可以讓離家在外的人多少能舒適地躲避太陽的地方。幾株刻意種植的樹木創造出一個微觀世界，在這裡，生命遵循著可預測的週期。灌溉系統和池塘的蒸發可以冷卻空氣。樹蔭和甘美的果實，與人們在花園牆外所面對的世界形成鮮明的對比。除了果樹之外，人們也經常沿著運河與水道種植楊樹和檉柳，藉此防止土壤侵蝕。

　　為了了解這些早期花園的管理有多麼發達和複雜，我們可以看看世界上現存最早的果園之一：占地廣大、位於馬拉喀什南部、屬於摩洛哥王室的阿格達爾花園（Agdal）。這個名稱來自柏柏爾語，意指「有牆的草原」。阿卜杜勒‧慕敏（Abd al-Mu'min）在 12 世紀建造了占地近 500 公頃的阿格達爾花園，但自創建以後，它經歷許多變革。現在的阿格達爾花園周圍有一堵 19 世紀的牆，牆上有許多小塔，圍繞花園內的許多樹木：椰棗、橄欖樹，以及無花果樹、扁桃樹、

杏樹、橙樹和石榴樹等。

　　地下水道為阿格達爾花園提供淡水，也為鄰近的城市提供飲用水。這些渠道源自歐里卡河谷（Ourika valley），約在 30 公里外的高阿特拉斯山脈（High Atlas）之間，這座山脈為花園提供壯觀的背景。花園裡設了許多涼亭，還有三個長方形水池。在過去，最大的水池是用來教士兵游泳的。現在，鯉魚在池水中嬉戲，而阿格達爾也成了聯合國教科文組織的世界文化遺產。

　　阿格達爾附近有些不同類型的傳統果園。這些引人注目的林子（在某些情況下是野生的）目前主要存在於摩洛哥西南部的大西洋沿岸，約在馬拉喀什以西、索維拉（Essaouira）

以南。這些果園有摩洛哥堅果樹，一種樹枝多瘤、高度可以長到 12 公尺的樹。在過去，摩洛哥堅果樹的分布遍及地中海和北非等廣大地區。它們被視為殘餘種，來自氣候大規模轉變至當下環境條件之前的時期，當時包括兩極在內的整個地球都屬於熱帶氣候。事實上，摩洛哥堅果樹通常被認為是地球歷史上此一早期階段遺留下來的「活化石」。目前，這種植物的分布範圍僅限於摩洛哥西南部，介於阿特拉斯山脈、大西洋與撒哈拉之間。橄欖樹也生長在這些地區，但摩洛哥堅果樹因有狀似蛇皮的樹皮，很容易就能與橄欖樹區別開來。它們長出的小黃果在成熟時會從樹上掉下來，人們可以徒手採集。小黃果裡含有堅硬且富含油脂的種子，也就是

上圖
阿格達爾花園的圍牆，
摩洛哥馬拉喀什南部

俗稱的摩洛哥堅果。

　　由於摩洛哥堅果樹的根系可以延伸到地面以下 30 公尺，這種植物在防止沙漠化方面扮演著重要的角色。它們還有另一個不尋常的能力，可以藉由落葉並進入一種「睡眠」狀態來度過乾旱時期。摩洛哥堅果樹只有在樹齡長到五十至六十歲之間才達到產果巔峰。柏柏爾婦女傳統上用河石敲碎種子，以便於加工。這種堅果味濃郁的油常用來搭配麵包或庫斯庫斯，也用作頭髮護理和烹飪油脂。這種樹的木質堅硬，用途很多。山羊不僅喜歡摩洛哥堅果樹的葉子，也喜歡它的果實：牠們會爬到樹上吃果子，未能消化的種子隨著排泄物排出。人們利用這個自然過程，收集這些已經從果肉中清出來的「預加工」種子。

　　但是，讓我們離開今日的摩洛哥，回到我們美索不達米亞花園的所在地，這些地區在接下來的幾個世紀裡，主要成了穆斯林的土地。關於波斯花園的記載，讓它們看起來像是

人類渴求天堂的表現。《天方夜譚》中第兩百一十四個故事就提供一個例子，突顯出這個時代遊樂場所與生產空間交織的情形：

——
左頁
摩洛哥堅果樹上山羊，
摩洛哥

> 他們進入一個看來像是天堂之門的拱門，穿過一個掛滿藤蔓和各色葡萄的格子棚架，紅色的像紅寶石，黑色的像阿比尼西亞人（Abyssinian）的臉，還有白色的，掛在紅色與黑色之間，就像紅色珊瑚與黑色魚兒之間的珍珠。然而，他們發現自己身處花園之中，一座非常美好的花園！他們在那裡看到各式各樣的東西，「有單獨也有成對的」。鳥兒唱著各式各樣的旋律：夜鶯發出動人甜美的鳴唱，鴿子哀怨地咕咕叫著，鶇鳥的鳴唱宛如人聲，雲雀用和諧的曲調回應著斑鳩，歐斑鳩的鳴唱在空中迴盪。樹上掛滿了各種成熟的果實：石榴，甜甜的，酸酸的，又酸又甜；蘋果，又甜又野；還有像酒一樣香甜的希伯崙李（Hebron），其顏色沒人見過，滋味無人能形容。

薩克薇爾—韋斯特（Vita Sackville-West）是位作家，也是熱情的園藝師。她在 20 世紀旅行經過波斯時，發現這些花園的魅力絲毫不亞於幾世紀前所描述的花園（儘管許多花園後來疏於照顧），而且完全理解這些花園所代表的與她在英格蘭家鄉所了解的完全不同。她在 1926 年出版的著作《前往德黑蘭的旅客》（*Passenger to Teheran*）中曾寫道：

但它們是樹木的花園，而不是鮮花的花園；綠色的荒
野……這樣的花園是有的；其中有許多已被遺棄，成了
與蟋蟀和烏龜分享的空間，人們可以不受干擾地度過漫
長的下午時光。我就在這樣的一座花園裡寫作。它坐落
於南坡，在雪白的阿勒布爾茲（Elburz）山腳下，俯瞰
著平原。這裡到處都是荊棘和灰色的鼠尾草，夾雜著南
歐紫荊，洋紅色的美麗花朵點綴著這片雪白的高地。凹
陷處一片粉紅色的雲，暴露了開花的桃樹。四處都有水
流，在野地溝渠裡，或是被引導到藍色瓷磚鋪成的筆直
水道裡，再順著斜坡流入四棵柏樹之間一個破損的噴泉
中。那裡也有一個小亭子，像其他東西一樣頹頃；外牆
的瓦片掉了下來，砸在露台上；人們建造了這些東西，
但似乎未曾修復過；他們蓋好了，卻也走了，讓大自然
把他們的手藝變成這種憂鬱的美……花園是提供精神慰
藉的地方，也是一個有陰影的地方。平原是孤獨的，花
園是有居民的；只不過居民不是人類，而是鳥獸和普通
的花草；裡面有在樹枝間呼呼叫的戴勝，好像在問著
「誰啊？誰啊？」；還有像乾樹葉般沙沙作響的蜥蜴；
以及海綠色的小鳶尾花。

當然，自古以來，人們一直認為天堂是個果實纍纍的花
園，這樣的想法出現在許多宗教之中。《聖經》裡的著名記
述是這樣的：

耶和華神將那人安置在伊甸園，使他修理，看守。耶和華神吩咐他說：「園中各樣樹上的果子，你可以隨意吃，只是分別善惡樹上的果子，你不可吃，因為你吃的日子必定死！」

但亞當與夏娃屈服於誘惑，吃了一棵被禁止的樹上的果實，人類因此被永遠禁止進入天堂。他們非常羞愧，躲在樹葉底下，不敢見上帝。是什麼果實導致這可怕的轉變？它肯定不是蘋果，儘管經常用夏娃拿著蘋果的形象來表現這個故事。事實上，創世故事中並沒有提到蘋果——唯一使用的詞語是「果實」。

關於夏娃與蘋果的執著信仰，很可能是早期翻譯者將《聖經》翻譯成拉丁文版時所犯的錯誤，甚至可能是故意玩弄文字遊戲所造成。他們混淆了「malus」與「malum」這兩個字，前者意指「蘋果」，後者指「邪惡」。然而，「*lignumque scientiae boni et mali*」這句話就只是指「善惡知識之樹」，與蘋果毫無關係。只是這樣，夏娃手裡拿著蘋果的早期圖像就出現了。這種誤解自 5 世紀以來一直延續至今。

那麼，如果不是蘋果，又會是什麼呢？杏、無花果、石榴、椰棗？我們可以翻遍《聖經》，但這禁果的身分仍然是個謎。

— 4 —

離樹不遠之處

研究人員對蘋果歷史的了解比任何其他種類的果實都來得透澈。蘋果的原始祖先帶來了現今在北美（花冠海棠〔 *Malus coronaria* 〕、太平洋海棠〔 *Malus fusca* 〕）、東亞（平枝海棠〔 *Malus sargentii* 〕、三葉海棠〔 *Malus sieboldii* 〕）、中國（湖北海棠〔 *Malus hupehensis* 〕、山荊子〔 *Malus baccata* 〕）和喜馬拉雅山（新疆野蘋果〔 *Malus sieversii* 〕、東方海棠〔 *Malus orientalis* 〕）等地發現的野生蘋果，這些蘋果因為體積小且味道酸，通稱為野生酸蘋果（crabapple）。有些野生酸蘋果與野化的栽培品種是難以區分的。例如，對於歐洲野蘋果到底是野生的，還是實際上是與野生表親多少有些相似的栽培品種，科學家的意見分歧。這些野生蘋果全都來自北半球的溫帶地區，那裡的寒冷期對種子的生長至關重要。

前頁
英國畫家拉桑格（Henry
Herbert La Thangue）
《在果園裡》（*In the
Orchard*），1893 年

上圖
天山山脈哈薩克段盛開
的野生蘋果樹

　　野生蘋果很小，而且大多味苦，但在乾燥後絕對是有價值的，因為脫水後水果的味道變得更濃郁。考古學家在瑞士湖泊附近的人類定居點遺址中發現約有四千五百年歷史的乾燥野生蘋果的痕跡，而在美索不達米亞烏爾城的普阿比女王之墓（tomb of Queen Puabi）中，也發現了穿成鏈狀的蘋果乾。很多動物會吃野生蘋果，如野牛、鹿、熊、野豬和獾等。野生蘋果樹的樹枝長得很密集，因此也是對小動物極具吸引力的藏身之所。貓頭鷹在中空的樹幹上養育雛鳥，而蝙蝠白天可以躲在那裡。

　　由於野生酸蘋果大小只有 1、2 英寸，鳥類（尤其容易被懸掛在樹上的小果實吸引）可能在其傳播中扮演著核心角色。馬對蘋果也表現出明顯的喜愛，尤其是那些比較甜的蘋果，研究人員認為，可能是游牧商人的馬導致一些小型甜蘋果的孤立族群出現在高加索和克里米亞地區，還有阿富汗、伊朗和土耳其等地的部分地區，以及俄羅斯歐洲部分靠近現在庫斯科市（Kursk）等地。

　　我們的栽培蘋果（*Malus domestica*）有許多品種，是至今仍生長於中亞地區的各種野生蘋果之間雜交的結果。科學家已經確定，這個地區因為交替出現的半乾旱地區、高原和山地景觀，植物種類特別密集。那裡的環境條件在極小的空間內就可以有很大的變化，研究人員相信這種環境條件的多樣性，對於決定早期果實發育的過程非常重要。

　　天山山坡上的果林很可能在這場演化劇中扮演著核心的角色。這些高聳的山脈（例如托木爾峰的高度近 7500 公尺）位於中國西部與烏茲別克之間，綿延 1600 公里。許多北半球溫帶地區的典型果實，從蘋果、梨、榲桲、杏、櫻桃、李、蔓越梅、覆盆子、葡萄和草莓，到扁桃、開心果、榛果和核桃等，都可以在這裡找到。

　　該地區提供了所有必要的氣候和生態條件，包括有多種植物的多樣景觀和兩百多條河流，加上這片土地長期沒有受到外界影響——沙漠幾乎把它從每個方向包圍起來。那裡的蘋果樹有不同的形狀和大小，果實也有各式各樣的味道：有些滋味甜美還帶有蜂蜜、茴香或堅果的味道，有些則是酸得

幾乎讓人無法下嚥。早期的甜野蘋果是我們所有栽培蘋果的
祖先，可能在幾百萬年前從中國的原產地傳入天山。

　　由於偏僻的地理位置，以及直到最近政治上的隔離，讓
這個地區少有人關注，倖存於天山地區幾片令人讚嘆的森
林，已經成為植物學家研究野生植物並保護它們所包含遺傳
物質的聖地。第四代塞爾伯恩伯爵（Earl of Selborne）帕爾默
（John Palmer）就是這樣一位研究者，他管理自家在英格蘭
漢普郡（Hampshire）莊園內的一座果園已將近半個世紀，過
去亦曾擔任英國皇家植物園邱園（Kew）信託的主席。為了
進一步了解蘋果在野外生長的情形，他旅行到哈薩克靠近中
國邊境的準噶爾阿拉陶地區（Dzungar Alatau）：

　　我們第一次看到以蘋果為優勢種的樹林，和白楊與楓樹
　　長在一起。許多蘋果樹上也長出了啤酒花；在漢普
　　郡，我除了種蘋果之外也種啤酒花，沒想到會看到這
　　兩種植物在野外一起生長。如果我能像在托波列夫卡
　　（Topolyevka）那樣遵循自然，我就可以在老布拉姆利
　　（Bramley）蘋果樹上種啤酒花，如此一來，可以省下
　　一大筆錢，我不用再為了讓啤酒花沿著一定方向生長而
　　打椿架網。因為五月晚雪，蘋果樹沒結什麼果。由於我
　　習慣於修剪整齊的果園和間隔均勻的樹，這片蘋果森林
　　確實讓我感受到某種文化衝擊。這些樹密密麻麻地交錯
　　在一起，許多樹枝被吃蘋果的熊給折斷了。大部分再生
　　苗來自老樹的吸根，形成難以穿透的纏結。

　　儘管這個地球伊甸園在沒有任何人類幫助的情況下成長了起來，而且仍然遠離任何人類居住地，它和它所包含的遺傳資訊寶庫仍然面臨險境。栽培蘋果的花粉是一種威脅，放牧的野馬吃掉樹苗是另一種威脅。

　　這片森林的果實是如何繼續傳播到整個亞洲和西方呢？對早期人類來說，中亞地區山麓與平原的夏季和秋季一定非常宜人。游牧民族騎馬穿越亞洲內陸的路線至少有一千年的歷史。後來，這些水果肯定與商人一起沿著古老的傳奇貿易路線絲路旅行。除了絲綢和陶瓷之外，從東往西移動的商隊還帶著食物，而且並非所有食物都是供旅者在漫長的旅途中使用的。

　　研究人員在塔什布拉克（Tashbulak）發現一些有趣的線索，塔什布拉克是游牧民族在烏茲別克西北部帕米爾山脈邊緣建立的定居點，海拔約 2200 公尺。在挖掘一個中世紀垃圾場時發現的核桃仁來自附近的樹木，但在那裡發現的葡萄和桃的殘骸則是生長在氣候較溫和處的水果，也許來自撒馬爾罕附近的綠洲城市，或是西部的布哈拉（Bukhara）。

　　西班牙人克拉維約（Ruy González de Clavijo）在馬可波羅之後一個世紀造訪這個地區，但他仍是已知最早到過那裡的歐洲人之一。1404 年 8 月底，他在撒馬爾罕郊區瞥見了一座類似公園的大型果園：

　　我們發現它被一堵高牆包圍著，沿著牆繞行一圈可能有

1 里格（3 英里），裡面種滿了各種果樹，我們只注意
到這裡少了酸橙和枸櫞……。此外，這裡有六個大水
池，因為有一條偌大的水道從果園的一端流到另一端。
五排高大陰涼的樹木種在連接水池的鋪砌走道旁，較小
的道路從這些走道分支而出，讓設計更加豐富。

這座果園的後面是另一座類似規模的花園，專門用來種
植葡萄。

右頁
瑞典藝術家拉松（Carl
Larsson）筆下蘋果園
收穫季節的景色，20
世紀早期

蘋果是一種近乎完美的水果：與許多其他物種相比，蘋
果可以存放更長的時間，也適合長距離運輸。人們可能很早
就發現，乾燥蘋果片更容易保存，因為它們不再吸引昆蟲，
也不再為促進分解的細菌或黴菌提供立足點。乾燥也能減少
一些蘋果的苦味。在中世紀，野生酸蘋果主要作為其他食物
的調味品。木匠和木工珍視的是這種樹螺旋狀紋理的堅硬質
地，他們利用這種木材來製作時鐘指針、踏車、螺絲和家具
薄片。

「蘋果不會掉在離樹太遠的地方」這句俗諺眾所周知，
有「有其父必有其子」之意，但讓我們退一步思考這句話字
面上的意思：它指的是蘋果一旦成熟就會掉到地上的事實。
這種因果反應取決於樹和它的果實之間的溝通。蘋果成熟時
會產生乙烯。當樹收到這個信號，樹葉開始產生脫落酸這種
發育激素，導致樹枝與蘋果莖之間形成一層屏障，切斷營養
物質的供應，使得果實脫落。

　　我們可以進一步想像，這個蘋果逐漸分解，其中一顆種子會在這個地方落地生根。然而，由此長出來的小樹苗，前景並不特別樂觀：它的母株會擋住陽光，並與它競爭水和養分。為了獲得苗壯成長所需的陽光和空氣，蘋果樹之間必須相隔一定的空間。這就是鳥類和動物能幫助蘋果傳播種子的地方。有趣的是，年輕的蘋果種子因為含有天然發芽抑制劑而能抵抗寒冷。它們需要度過一個冬天，吸收水分並膨脹之後，才能在接下來的生長期第一次發芽。如果不是這樣，幼苗就會在一年中寒冷的時候凍死。

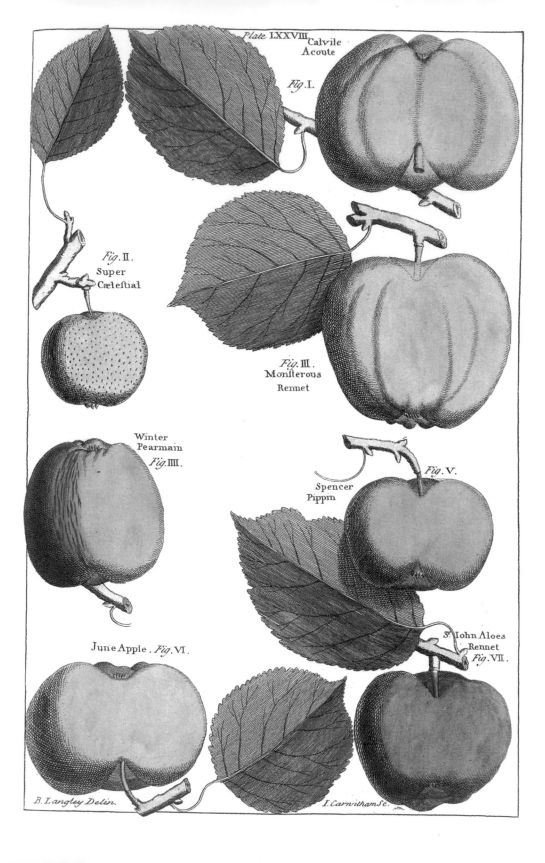

Plate LXXVIII. Calvile
Acoute

Fig. I.

Fig. II.
Super
Cælestial

Fig. III.
Monsterous
Rennet

Winter
Pearmain
Fig. IIII.

Spencer
Pippin

Fig. V.

Sr. Iohn Aloes
Rennet
Fig. VII.

June Apple. Fig. VI.

B. Langley Delin.

I. Carwitham Sc.

　　除了種子傳播的問題，蘋果「不會掉在離樹太遠的地方」的延伸意義，有著對蘋果遺傳學基本的誤解。儘管人類的孩子有時確實如這句俗諺的延伸意義，和他們的父母非常相似，蘋果種子卻不是如此。每顆種子包含多個版本的遺傳物質，最古老的通常是最占優勢的。因此，大多數由種子長成的蘋果樹甚至無法結出可供人類食用的果實。這樣的後代實際上與產生它的樹「相距甚遠」。

　　因此，從種子長出的果樹很少與它的親代具有完全相同的特徵。事實上，生產一系列具有相同遺傳特徵的植物需要繞過有性生殖的自然過程。要複製特別漂亮或美味的樹木或水果，需要以嫁接的形式進行人為干預。進行嫁接時，一棵特別理想的樹的枝條，即所謂的「接穗」，會接合在另一棵樹的根砧、根系和部分樹幹上。為了嫁接成功，接穗的形成層（樹皮底下的生長層）必須置於根砧形成層的上方，以便形成中介組織，讓兩個元素融合。這個過程需要兩週到四週的時間。

　　如果一切都妥當操作，而且接穗與根砧沒有不相容之處，那麼這兩部分就會長成一體，成為接穗母株的複製品，可以說是天然的殖株（clone）。根砧確保新樹能獲得水和養分，也從各個方面影響殖株的生長。嫁接還可以加快樹木的發育時鐘：如果接穗來自一棵老樹，那麼無論根砧的年齡如何，老樹成熟的開花行為都會轉移到新殖株上。結果是，樹木比正常情況下更早開花結果。

　　嫁接將果樹栽培提升到全新的境界。憑藉這項技術，就

左頁

蘋果圖，蘭利（Batty Langley）《圖解果園》（*Pomona*），1729年，該書旨在提供「改進英國現存所有最好水果品種的可靠方法」

能讓果樹長出具有相同特徵的果實種類。幾千年來，人類不斷地學習如何改善這項技術。

嫁接的確切起源是個謎。朱尼珀（Barrie E. Juniper）和馬伯利（David J. Mabberley）深入研究蘋果的歷史發展後提出一個有趣的理論，即在田間工作的農民可能先觀察到一種無計畫的嫁接過程。例如，假使相鄰植物的部分被編織成一個墊子，這些部分就有可能結合在一起，新的嫩枝自然而然地發展出來。觀察到這個現象，可能促使人們刻意創造這樣的組合。這類觀察可能發生在不同地方，而隨著時間推移，這種技術也沿用到其他種果樹上。

決定哪些植物適合嫁接、哪些不適合，過程相當複雜，同時會受到許多因素影響。隨著時間過去，人們的經驗逐漸累積，知道哪些水果物種的配對是相容的。一個基本規則是，植物必須是相對接近的親緣關係。隨著兩種植物之間基因相似度的增加，它們成功融合的可能性也會提高。

根砧決定了嫁接樹的高度，接穗則決定嫁接樹結出的果實種類。現在，梨的接穗被嫁接到榲桲根砧上，但蘋果樹並不適合這種跨種嫁接。扁桃和桃是相容的，但扁桃和杏卻不相容，儘管三者同為李屬植物。泰奧弗拉斯托斯在表現出他已認識到這些原則時寫道：「同類植物很容易接合在一起，而且芽也是同個品種。」然而，過去有關哪些植物可以嫁接在一起的想法，往往有些天馬行空。例如有一個理論認為，將桑樹枝條嫁接到白楊樹上，嫁接樹可以長出白色的桑椹。

除了支配嫁接植物行為的生物學法則之外，文化和宗教

態度也開始與嫁接聯繫在一起，人們認為嫁接相當於婚姻。根據這種思維方式，不平等的植物不應該結合，例如栽培蘋果與野生梨樹。畢竟，按照這種邏輯，有教養家庭的孩子不應該與不識字的野蠻人結婚。

　　隨著時間推移，由於更多果樹被刻意栽植，野生果樹的比例下降。因此，栽培的水果品種與野生品種的差異越來越大，反映出園丁與農民的願望。耐心是必要的美德：一棵樹種下後，至少要經過三年才會結果。此外，幼樹需要特別精心照顧。

　　介於「野生」與「栽培」之間的廣泛範圍內，多產的樹木仍然是存在的。例如，安納托利亞中部的居民刻意保存了野生果樹：主要是梨，也有西洋山茱萸、阿特拉斯黃連木、扁桃樹和朴樹。他們單純地享受著由此帶來的豐收，有時也從能結出特別美味水果的老樹上取下嫩枝，嫁接到幼樹的根砧上。栽培橄欖樹的枝條有時也嫁接到野橄欖上。

— 5 —

研讀經典

古希臘人熟悉嫁接技術。他們一直與小亞細亞的鄰居保持密切關係,小亞細亞是古希臘人的果樹來源,而且古希臘人也向小亞細亞學習栽培方法。荷馬在《奧德賽》第七卷中提供了關於果園的最早已知描述——確切地說,屬於費阿克斯(Phaeacia)國王阿爾喀諾俄斯(Alcinous)的果園。《奧德賽》第七卷大約寫作於公元前 8 世紀至公元前 7 世紀之間。在波普(Alexander Pope)的精闢翻譯中,是這樣寫的:

> 大門附近有座寬敞的花園,
> 抵禦著暴風雨和險惡的天空;
> 占地四畝的空間,
> 周圍有綠色的圍牆。
> 高大茂盛的樹木訴說了結實纍纍的模樣:

紅彤彤的蘋果在這裡成熟轉金，

藍色的無花果在這裡溢出美味的汁液，

飽滿的石榴散發著更深的紅色光芒，

沉重的梨子壓彎了樹枝，

翠綠的橄欖終年茂盛。……

掉落的梨一個接著一個，

蘋果接著蘋果，無花果接著無花果。

——
前頁
希臘維奧蒂亞（Boiotia）
一個運動員墓碑細部，
右上方有兩顆石榴，約
公元前 550 年

在另一個地方，《奧德賽》描述了屬於奧德修斯（Odys-seus）的父親拉厄耳忒斯（Laertes）的宅院。除了住宅、奴隸住所、畜舍、田地和葡萄園之外，還列出與阿爾喀諾俄斯的果園一樣的水果種類。

希臘文中的「果園」有時是看起來很熟悉的「orchatos」，有時是「kêpos」，後者的涵義很難準確界定，多少像它所描述的花園不斷變化的特質。考古學家希爾迪琪（Margaret Helen Hilditch）曾分析希臘文中「kêpos」的概念：

這三個基本的「共鳴」是：關心有價值的東西；奢華、尊貴和東方元素；以及女人具有誘惑力卻又危險的存在。這些與希臘景觀相結合，讓花園成為一個矛盾的、邊界的空間。

城外的果園坐落於河流和小溪旁，以確保水源供應。例如，生活在公元前 600 年左右的希臘詩人莎芙（Sappho）寫

過一個供奉女神阿芙蘿黛蒂（Aphrodite）的地方，那裡有蘋果樹和草地，以及一個顯然用於灌溉的汨汨泉水。

荷馬曾提到無花果的種植，在這麼早的時期希臘就有無花果種植是很有意思的事，因為這些樹被認為起源於波斯。無花果的授粉生態學非常複雜，而且在大多數情況下，必須有無花果小蜂的配合才能進行。除了雄花和雌花之外，無花果樹還有癭花，是這些昆蟲的繁殖地。然而，有無花果小蜂的無花果被認為是不能食用的，因此果園主培育出只開癭花和雄花（原生型無花果）的品種，以及只開雌花的品種。在稱為「寄生蜂授粉」（caprification）的過程中，原生型無花果的小枝掛在栽培無花果樹的樹冠上，藉此讓後者授粉。然後，這些馴化的雌樹就會結出可食用的果實。

希臘人也非常欣賞從黑海周圍地區傳入其土地的釀酒葡萄。根據希臘神話，宙斯的兒子戴奧尼索斯（Dionysus）發現了葡萄並介紹給人類。偉大的哲學家柏拉圖認為，「沒有什麼是上帝賜予人類更優秀、更有價值的東西了」。

已知最古老的釀酒葡萄種子——據推測在當時已有種植——是在外高加索地區發現的，也就是現在的喬治亞。它們的時間可以追溯到公元前 6000 年。早期的釀酒葡萄種植者特地選擇能夠自我授粉且不需要與其他植物相互作用的葡萄藤，如此一來，他們種植的葡萄就能一直純系繁殖下去。時至今日，大多數用於釀酒的葡萄品種都是自育的。六千年前的證據顯示，將葡萄汁發酵成葡萄酒的技術也是在西高加索地區發明的。今天，喬治亞人仍然使用存在了幾千年的方法

——
右圖
泰奧弗拉斯托斯，因其
對植物的研究，被許多
人視為植物學之父

來生產葡萄酒。這包括將一種名為克維利陶罐（kvevri）的陶製容器埋上五、六個月以陳釀葡萄酒，可以說是活的考古學範例。

顯然，古希臘歷史學家很早就充分了解世界的這個部分。希羅多德寫道：「高加索地區有各種各樣的民族生活其間，他們之中大多數人以野樹的果實為生。」他知道，生活在裏海以東的居民有辦法拉長果實存放的時間，確保整年的食物無虞：「在冬天，他們靠從樹上摘來的果實為生，並待果實成熟後儲存起來作為食物。」他指的很可能是李，人們都知道李可以吃新鮮的，也可以做成果乾享用。

在古希臘，泰奧弗拉斯托斯在水果栽植方面是特別重要的人物，作爲「植物學之父」載入史冊，至少到 17 世紀一直對這門學科的實踐有著一定的影響。據傳，他在花園小徑上一邊漫步一邊講授，於花園裡栽種了各種樹木和植物，作爲植物學收藏。在他的兩本主要植物學專著《植物誌》（*Enquiry Into Plants*）和《植物之生成》（*On the Causes of Plants*）中——這兩本著作只有部分保存下來——他提到六種蘋果、四種梨、兩種扁桃和榲桲。他在作品中也首次提到生長在高樹上的圓形紅色水果：櫻桃。眾多釀酒葡萄品種肯定已經存在，因爲他寫道：「這麼多田地，這麼多種類。」各種水果藉由嫁接的方式繁殖，若是桃等自花授粉的水果，則是藉由種核繁殖。泰奧弗拉斯托斯還提到爲椰棗進行人工授粉的技術，這種技術在當時的東方已經廣爲人知。他將桃稱爲波斯果，這可能是因爲亞歷山大大帝將桃從波斯帶到希臘。事實上，我們現在知道桃（*Prunus persica*）起源於中國北部，大約在公元前 2000 年就開始栽植。後來，絲路上的旅行者才將桃核帶到了波斯和喀什米爾。

人們總是忍不住去摘取別人的果實、折斷樹枝，甚至砍掉整棵樹當柴燒。在不同群體之間的敵對行動中，樹木經常成爲故意破壞的目標。受惠於古代雅典立法者德拉古（Draco）編纂的法律（約公元前 620 年），我們知道古希臘人認爲樹木對民衆的福祉非常重要，偷竊和破壞樹木甚至可能被處死刑。

　　古羅馬人在古希臘的知識基礎上加以擴展。在早期，古
羅馬人餐桌上的大多數水果都來自野外生長的樹木和灌木。
根據傳說，拯救被遺棄的雙胞胎羅穆盧斯（Romulus）與瑞摩
斯（Remus）的母狼在一棵無花果樹下餵養他們，而這對雙
胞胎後來建立了羅馬。這棵無花果樹不是隨便一棵樹，而是
位於羅馬廣場的 *Ficus Ruminalis*。蘋果樹則有自己的保護神波
莫娜女神（Pomona）。維爾圖努斯（Vertumnus）愛上了她，
於是照看著季節的變化，特別關注季節變化在果樹健康中扮
演的角色。（維爾圖努斯的名字來自拉丁文的「vertere」，
有變化或轉動之意。）維爾圖努斯年輕又有魅力，而且能夠
改變形狀，就像種子可以變成果實一樣。

　　最古老的拉丁文農業手冊《農業志》（*De Agricultura*）是
波爾基烏斯（Marcus Porcius）的作品，他也被稱為老加圖
（Cato the Elder, 234–149 BCE）。他認為葡萄是最重要的農
作物，其次是橄欖、無花果、梨、蘋果、扁桃、榛果等等。
另一本重要著作《農事詩》（*Georgics*）是古羅馬詩人維吉爾
（Vergil, 70–19 BCE）所作，寫作時間在公元前不久，它仔
細探討了樹木栽培的許多層面。具系統性的方法是必要的，
因為神聖森林中的橡實和漿果已經耗盡——可能是因為越來
越多人在森林裡收集食物，並將他們的豬趕到那裡覓食。樹
苗尤其需要保護。一旦樹幹苗壯，樹枝開始向天空伸展，就
可以任憑這些樹自由生長：「與此同時，每棵樹都結滿了果
實，鳥兒的棲息地也長滿深紅色的漿果。」

　　在古羅馬眾多植物愛好者中，科魯邁拉（Lucius Junius

——
左頁
羅馬利維亞別墅壁畫，
營造出一種花園假象，
公元 1 世紀

上圖

法國聖羅曼昂加勒
（Saint-Romain-en-
Gal）一幅馬賽克描繪
了嫁接的景象，約公元
200 年至 225 年

Moderatus Columella, 4–70）特別受到尊敬。在他有生之年，古羅馬的水果種植達到顛峰。他寫了《論農業》（*De Re Rustica*）一書，在書中列舉使農業和水果種植業蓬勃發展的因素：在古羅馬皇帝奧古斯都（Emperor Augustus）的統治下，實現了中小型土地的持續所有權、農業專業化和投資、城市消費者日益增長的需求，以及利於農業的政策和管理。

科魯邁拉為果園的組織提供非常精確的指示，並提出種植無花果樹、扁桃樹、栗樹和石榴樹的最佳時間。關於梨樹的資訊也非常完整：

在冬季到來之前的秋季種植梨樹，如此
一來，距離隆冬至少還有二十五天。為
了使梨樹成熟時能結出豐碩的果實，應
在梨樹周圍挖深溝，靠近樹根的地方劈
開樹幹，劈開處插入一塊楔形的剛松木，把它留
在那裡；之後，當鬆土填平後，在地面撒上灰燼。我們
必須小心在果園裡種植我們能找到最優質的梨樹。

雖然其中的某些說法相當有說服力，但我們真的不知道
這些方法是否確實有效。無論如何，這本書提到關於嫁接的
看法，但我們現在知道這些敘述是錯誤的：

只要接穗的樹皮與被嫁接的樹沒什麼差異，任何一種接
穗都可以嫁接到任何一棵樹上；事實上，如果它也能在
同一季節結出類似的果實，就可毫無顧忌地進行嫁接。

這種誤導性的保證與占星術的提示一起提供，例如建議
在盈月（從新月到滿月的月相）期間進行任何必要的嫁接。

就完整性而言，老普林尼（Pliny the Elder, 23–79）超越
他傑出的前輩。他寫作了三十七卷的《自然史》（*Natural
History*），描述上千種植物，包括三十七種梨、二十三種蘋
果、九種李、七種櫻桃、五種桃和六種核桃。然而，最具代
表性的水果——七十一個品種——是釀酒葡萄。科魯邁拉只

介紹了義大利已知的水果種類，老普林尼則越過他周圍的環
境，納入希臘、高盧、東方和西班牙的品種。他甚至聲稱存
在一種無籽蘋果品種──這是許多果園主長期以來追求的夢
想，不過一直到最近才得以實現。

傳統的羅馬花園是在公元前 6 世紀到公元 5 世紀期間種
植的。它們反映出花園所在地的氣候條件，無論是在義大
利半島還是在古羅馬人征服的北非、小亞細亞、伊比利半島
或中歐和西歐。同樣地，隨著羅馬帝國的擴張，新植物如椰
棗樹、石榴樹、李樹和櫻桃樹等，也散播到永恆之城和羅馬
領土的其他地方。

城市附近規畫果園種植水果，以便讓收成迅速送進城市
的市場裡。顯然，交易商可以在果實還掛在樹枝上時就進行
競價。在老普林尼的記述中，樹上確實會長錢：

> 講到果樹，城市周圍地區的許多果樹同樣令人驚嘆，它
> 們的產量每年可喊到每棵樹收成 2000 塞斯特斯幣（ses-
> terce）的價格，一棵樹的收益比過去的農場還要多。

在羅馬和維蘇威火山摧毀的城市中，古宅壁畫上包含果
樹的花園描繪讓我們對這些花園的樣貌有了些許概念。一個
例子是羅馬利維亞別墅（Villa of Livia）花園房（Garden Room）
的壁畫。這幅可追溯到公元 30 年的作品展現石榴灌木結著果
實的景象，其中有些果實已經爆開。同樣令人印象深刻的是
龐貝城的「花之臥室之家」（Casa dei Cubicoli floreali），又

稱「果園之家」（Casa del Frutteto）。其中一幅壁畫描繪的
是花園景觀，內有夾竹桃、桃金孃、檸檬和櫻桃樹。在另一
幅壁畫中，眼尖的觀察者會發現一棵無花果樹和一條正沿著
樹幹往上爬的蛇，牠顯然是要去尋找成熟的果實。這些壁畫
中還有柵欄、花瓶和雕塑，現場挖掘時也有同樣的文物出
土。因此，這些壁畫似乎是為了讓小花園看起來更大，創造
出美麗景色的幻覺——與現代照片壁畫的作用並無二致。由
於該建築內還有大約一百個雙耳瓶，研究人員認為公元 79
年維蘇威火山爆發前的最後一位居民是酒商。

美國考古學家賈絲姆斯基（Wilhelmina F. Jashemski）的
研究清楚說明龐貝居民的花園是什麼樣子。大多數房子至少
有一座花園，有些房子有三個甚至四個大型的列柱式花園，
被柱廊走道圍繞。老房子後面尤其會有花園，種植著蔬菜和
果樹、橄欖、堅果和一些葡萄藤。沒有證據顯示龐貝人會區
分出觀賞性花園與生產食物的花園——就如在古埃及和美索
不達米亞，兩者之間的界線是浮動的。

賈絲姆斯基進一步解釋道，宜人的天氣使該城居民可能
把大部分時間花在自家旁邊的花園。在花園裡，他們在放有
躺椅的餐廳用餐，在石造長榻上享受環繞蔓藤帶來的蔭涼，
做著編織羊毛等工作，或是單純休息。日晷幫助居民掌握時
間。雕像強調出自然的神聖層面：例如，青年之家（House of
the Ephebe）的花園裡有個小神龕，裡面有一座波莫娜女神的
雕像。水從她手中裝滿水果的貝殼流向下方的水池。顯然，
這些花園的設計者注意到了向神致敬的機會。花園裡出土的

──
上圖

義大利龐貝古城的現代
景象

骨骸也顯示，這裡有一種更普通的保護形式──看門狗。壁畫中描繪的鳥兒有紫水雞、蒼鷺和白鷺等，這些鳥類在現實生活中必然也是這些花園的訪客。太陽下山後，戶外空間的使用並沒有停止。在溫暖的夏夜，花園裡新鮮的空氣比室內悶熱的氣氛更吸引人。證據顯示，一些花園到了晚上會有分枝燭台照明。

龐貝和赫庫蘭尼姆（Herculaneum）附近的維蘇威火山山坡上不僅有許多果園和苗圃，也有出售該地區所產水果的市

場。賈絲姆斯基描述了龐貝逃亡者花園（Garden of the Fugitives）西邊的一座花園。該花園的一部分顯然用於商業運作：考古學家能確定這些植物是成排生長的，而且大多呈南北走向排列。

在這座混合樹木與其他植物的花園北面有一個蓄水池，可能用來收集從屋頂導流的雨水。一片壓實的窪地引人穿過花園，通向由三棵大樹的樹枝遮擋的用餐區，這窪地可能是一條步道，也可能是一條灌溉渠。這裡甚至還有一座石造祭壇出土——這個考古發現證明此處曾進行祭祀活動，可能是燔祭和獻血。遺址出土的骨頭和殼（來自牛、豬、山羊、綿羊和蝸牛）顯示出火山爆發之前，人們在這座花園中享用的食物種類。人們在祭壇上焚燒內臟獻祭給眾神。園藝師將有機肥料撒在整座花園，以確保土壤肥沃，並混入蓄水的浮石以防止植物乾死。

小普林尼（Pliny the Younger）是律師也是參議員，他讓我們得以一窺古羅馬花園的景況，在那裡，果樹也是裝飾的一部分。小普林尼經常在工作和公務之餘抽空前往他在城市外的幾處住所。其中一處鄉村莊園位於奧斯蒂亞港（Ostia）附近勞倫圖姆（Laurentum）的海岸。當然，任何一座鄉村莊園都離不開食品生產，因此在那裡種植蔬菜、水果、葡萄和橄欖不足爲奇。小普林尼在寫給友人伽盧斯（Gallus）的信中，以愉悅的口吻描述這間房子：

車道旁有一座陰涼的葡萄園，那裡的小徑地面鬆軟，容

易踩踏，你可以赤腳走在上面。花園裡主要種了無花果
和桑樹，這些植物喜歡這種土壤，其他植物都不適合。
這裡有間餐廳，儘管背向大海，卻能享受到同樣令人愉
悅的花園景色：花園後方有兩間房子，房子的窗戶可以
看到莊園的入口，也能看到一座精美的果菜園。

——
下圖
小普林尼經常避居第勒
尼安海海岸附近的自家
花園

這類住宅的地面設計，往往可在各種天氣情況下使用，
還能擋風。畢竟，像小普林尼這樣壓力過大的羅馬菁英，
喜歡有機會脫下長袍，無拘無束地享受周遭環境。

小普林尼還有一座別墅坐落在托斯卡
尼的塔斯庫勒姆（Tusculum）。他在
另一封信中——這次是寫給同僚
參議員阿波利納里斯（Domitius
Apollinaris）——描述了那座花園
裡不同元素的相互作用。在某些
情況下，自然經過設計被融入藝
術作品之中，而在其他情況下則保
持了不規則、無計畫的特質：

有一處是一片小草地，另一處的樹籬修
剪成千種不同的形式，有時是表達
主人名字的字母，有時是藝
術家的名字；其中點綴著
小型方尖碑，與果樹交替

出現；當置身這種優雅的規律之中，對田野自然那種被忽略的美的模仿，會讓你大感驚訝。

這些花園和果園所生產的水果又怎麼處理呢？有些趁新鮮享用，有些拿去加工。葡萄釀成葡萄酒，堅果曬乾，正如多才多藝的學者瓦羅（Marcus Terentius Varro, 116–27 BCE）所寫，儲存蘋果的方法已經相當先進：

> 人們認為，所有〔蘋果〕都要放在乾燥涼爽之處，鋪在稻草上。因此，建造果房的時候，會注意要設置朝北的窗戶，以及開放通風；但是也會裝上活動遮板，防止果實因為持續吹風而脫水皺縮。也正是因為這個緣故——為了維持環境更涼爽——他們在天花板、牆壁和地面上施作大理石水泥。

橄欖也是人們精心採收並加工的日常必需品。用長桿打下果實後收集在籃子裡的作法由來已久。只有一小部分收成以果實的形式食用，大多數橄欖放入榨油機，用旋轉的石磨碾碎提取油脂。這種珍貴的液體直接從榨油機輸送到地下的儲存池中，人們再用陶罐裝滿帶回家。

古羅馬帝國的領土最終拓展到歐洲中部和西北部。為了了解古羅馬人在這些地方發現的環境狀況，回顧一下這些地區在古羅馬人到達之前的情況有很大的幫助。

在康士坦茲湖（Lake Constance，亦名波登湖）、瑞士北部和上奧地利等地挖掘的新石器時代（公元前3500年至公元前2200年）高腳屋村莊遺址顯示，蘋果、梨、李和甜櫻桃都已經存在，還有榛果和偶爾出現的核桃。然而，僅是這些果實的存在並不表示已經發展出水果種植。雖然可以想像人們在定居點附近種植樹苗，但他們肯定不懂嫁接和修剪技術。儘管如此，考古學家發現厚厚一層的壓榨蘋果皮，顯示古代日耳曼部落已經知道如何發酵果汁。

在前羅馬時期的不列顛，唯一與果實有關的發現是野生覆盆子（英國巨石陣附近和劍橋郡希皮丘〔Shippea Hill, Cambridgeshire〕）、新石器時代和青銅時代中期的酸櫻桃（格羅斯特郡諾格羅夫朗巴羅〔Notgrove Long Barrow, Gloucestershire〕和諾森伯蘭郡霍海德〔Haugh Head, Northumberland〕），以及同樣來自新石器時代的威爾特郡風車山（Windmill Hill, Wiltshire）野生酸蘋果核籽。這些水果都是採收的，但不是栽培出來的。

無論如何，大不列顛的氣候並不適合早期的水果種植。古羅馬歷史學家塔西佗（Tacitus）曾寫道：

> 這裡氣候惡劣，經常下雨起霧，但不嚴寒。他們的白日比我們這個地區還要長……除了橄欖、葡萄藤和其他通常生長在溫暖地區的植物之外，這裡的土壤可以長出品質優良的作物。儘管長得快，但植物成熟得很慢，這兩種情形是因為同一個原因，即土壤和大氣的極度潮溼。

左頁
巴庫斯（Bacchus）是古羅馬的酒神，也是水果與農業之神，相當於古希臘文化中的戴奧尼索斯，16世紀

儘管遇上灰暗潮溼的天氣，古羅馬人還是準備將他們在南方土地上的經驗帶到不列顛相當陰鬱的海岸。雖然塔西佗聲稱葡萄藤無法在不列顛群島茁壯成長，考古學家仍在那裡的七個地方找到古羅馬葡萄園的痕跡，其中四處位於北安普敦郡（Northamptonshire）。這個地區的寧河谷（Nene valley）顯然是釀酒的熱點：在沃拉斯頓村（Wollaston）附近，出土的古代葡萄園延伸至少 12 公頃，而且採用的是老普林尼和科魯邁拉所描述的地中海手法。

在一個遺址發現的墊草壕溝大到足以容納四千株葡萄藤，其產量每年約能製造 1 萬公升葡萄酒。其中大部分葡萄酒可能是味甜且有果香的棕色飲料，以沒有機會完全成熟的葡萄製成，而壓榨出的果汁會加入蜂蜜增加甜度。如此得來的混合物置於雙耳瓶或桶中發酵，而且得在六個月內飲用。由於葡萄是在 9 月底收成，這種酒只有冬季和春季供應。一年的其餘時間裡，葡萄酒愛好者只好將就著用葡萄乾製成的替代品。

當然，古羅馬人也將義大利和歐陸其他地方的水果帶到不列顛。西薩塞克斯郡（West Sussex）的發現證明，古羅馬的園藝文化已經轉移到帝國的這個角落。在菲什伯恩（Fishbourne），考古學家發現了阿爾卑斯山以北最大的一座古羅馬別墅。它的主要景點是令人印象深刻的地板馬賽克，但一部分花園也重建了。雖然我們無法確知其中是否有果樹，但園藝師至少可能嘗試種植。畢竟，當時的水果種植已經非常

先進，而英格蘭南部的氣候特別溫和——儘管對於來自陽光
明媚的南部的物種來說，仍然是個挑戰。

　　儘管塔西佗沒有明確指出蘋果和梨等水果的名稱，古羅
馬人幾乎肯定在不列顛種植了這些植物。肯特郡以果園聞
名，其中最早的果園可能起源於羅馬占領時期。西爾切斯特
（Silchester）的一個考古遺址出土的桑椹種子必然也來自進
口植物，因為桑椹並非不列顛群島的原生植物。甜栗和核桃
也隨著古羅馬人來到不列顛。簡言之，古羅馬人在不列顛的
自然環境中留下了他們的印記，就如他們在整個羅馬帝國的
作為：植物族群改變了，並從那時起走上新的發展路徑。這
種發展的一部分包括歐洲土地在全新條件下的持續交流——
那些由修道院網絡所創造的新環境。

──
上圖

英格蘭多塞特郡辛頓聖
瑪麗（Hinton St. Mary,
Dorset）出土的古羅馬
馬賽克，描繪基督的形
象，兩側為兩顆石榴

— 6 —

人間天堂

從6世紀到15世紀，天主教教會——特別是本篤會——在歐洲中部和不列顛群島種植出多座傳奇性的花園。對於這些自給自足的宗教團體來說，花園是水果、蔬菜和香草的重要來源，這些作物既可用作調味，也可入藥。

　　若考慮到大多數宗教團體的飲食以素食為主，尤其是早期宗教團體，那麼這些植物產品對僧侶和修女就更重要了。在四旬期（復活節前的四十天準備期）以外，奶蛋和乳酪是被允許的。四旬期期間可以吃魚，許多修道院都有魚塘放養鯉魚。反之，四足動物的肉是不能吃的。該時期的食譜，如義大利大師級名廚馬蒂諾（Maestro Martino）於1460年出版的《烹飪的藝術》（*Liber de arte coquinaria*），顯示出新鮮水果是很少上桌的。相反地，更典型的作法是烹調或水煮水果。但是，我們當然不能排除偶有直接從樹上摘下來當零嘴

偷吃的情形。

　　《聖經》裡的天堂，季節從來不變，沒有人需費力勞動從事園藝工作，所有東西都會自行茂盛生長。當然，真正的花園是完全不同的。在中世紀早期，修道院花園的規模相對較小，易於管理，僧侶修女在石牆的保護下與自然和諧相處，這種浪漫的景象可能是真實存在的。然而，演變到後來，修道院發展成商業企業，生產的產品不僅供自己使用，也會高價賣給外面的客戶。雇用更多園藝師是必要的。伏爾塔（Pforta）是一座位於現今德國東部的12世紀熙篤會修道院，它就提供了很好的例子：那裡的紀錄顯示，果園的工作由一位園藝師負責。許多僧侶修女都是貴族，加入宗教團體不必然會喪失他們所享有的特權。此外，根據本篤會「祈禱與工作」（maxim ora et labora）的信念，修會成員每天大部分時間都在祈禱和閱讀。這一切也就意味著，儘管大體上由修會負責管理，體力勞動則通常由雇工來執行。

　　關於中世紀花園的形式，學者在瑞士聖加侖（St. Gall）的修道院圖書館發現一份本篤會修道院的平面圖，提供很好的資訊來源。這份平面圖可能繪製於公元816年，1604年被重新發現，但直到19世紀中期才有人更深入研究。

　　這份平面圖之所以存在的原因尚不清楚，不過很可能是一個從未實現的草圖。儘管如此，它還是提供了寶貴的線索，讓後人了解一座修道院是如何建立的。除了展示不同的建築之外，圖中還有許多標籤，顯示出藥草園、蔬菜園和果園的位置。從我們的角度來看，有關果園的一個細節似乎很

前頁
老盧卡斯・克拉納赫（Lucas Cranach the Elder）《蘋果樹下的聖母與聖嬰》（*The Virgin and Child Under an Apple Tree*），1530年代

奇怪：果園兼作墓地。然而，這種雙重功能肯定不是巧合。果樹每年冬季休眠、開花和結果的週期既是對人類生命的比喻，也是復活的象徵。中世紀一個流行的傳說強調了這種關聯：就好比接穗在嫁接到一棵枯死的樹幹上之後，讓樹幹復活了。

聖加侖的這份平面圖顯示，僧侶的墳墓圍繞著中央十字架石碑成排地對稱排列。拉丁文碑文寫道：「十字架周圍躺著兄弟們失去生命的軀體；當它在永恆之光中閃耀時，他們就會復活。」象徵解救的十字架上寫著：「地球上所有樹木中，十字架是最神聖的，因為在它上面，永恆救贖之果實散

上圖
聖沃爾普加修道院（Abbey of Saint Walburga），位於德國巴伐利亞州艾希斯特（Eichstätt）的聖本篤會修女社團

發著芬芳。」

這些樹都用同樣繪製精美的樹枝裝飾來象徵，不過也有一個標籤標明其特定種類：「*mal*」（蘋果）、「*perarius*」（梨）、「*prunarius*」（李）、「*mispolarius*」（歐楂）、「*castenarius*」（栗）、「*persicus*」（桃）、「*avellenarius*」（榛果）、「*nugarius*」（核桃）、「*murarius*」（桑）、「*guduniarius*」（榲桲）、「*amendelarius*」（扁桃）、「*laurus*」（月桂）、「*sorbarius*」（花楸）、「*ficus*」（無花果），以及「*pinus*」（松）。蘋果、梨和榲桲最常見。

幸運的是，加洛林王朝的本篤會僧侶、植物學家暨作家瓦拉弗里德（Walafrid, 808–849）的著作保存下來，為我們提供更多資訊。瓦拉弗里德顯然因為鬥雞眼的關係也被稱為Strabo（「斜視的」之意），他幼年即加入康士坦茲湖中賴歇瑙島（Reichenau）上的修道院，後來在那裡擔任了十年修道院院長。在一首名為《論花園栽培》（*On the Cultivation of Gardens*）的詩中，他對他的老師格里馬爾杜斯（Grimaldus）說道：

> 你坐在小花園的圍欄裡，在果樹樹冠的樹蔭下，破碎的陰影中有桃懸掛樹間，男孩們，你歡快的學生們，摘下蒼白且長滿絨毛的柔軟果實，試著用雙手捧著這些大桃子，將它們放在你的手中。

在這樣的花園裡種植的是什麼具體類型的水果呢？查理

曼大帝（Charlemagne）統治期間制定的農業法《莊園法典》
（*Capitulare de Villis*）之類的文件，提供了一些線索。查理
曼大帝訂定的農業法，旨在確保整個帝國的食物供應，包括
平衡的蘋果收成，有酸有甜，有可以即刻食用的蘋果，也有
可以長期儲存的蘋果。文件列出的蘋果品種現在都不存在
了，它們只是漫長種植歷史中的一個驛站，隨著新品種的出
現，它們就會消失。所遺留下來的，只有關於這些蘋果的描
述。例如，法國灰皇后蘋果（Grey French Rennet）被認為是
今天仍在種植的皇后蘋果（Rennet 或 Reinette）的早期形式。
它可以追溯到法國北部熙篤會的莫里蒙修道院（Morimond
Abbey），該修道院成立於 12 世紀。

　　正如我們所見，聖加侖的平面圖上有傳統上生長在地中
海地區的無花果樹。來自南方氣候的植物真的可能在中歐修
道院的花園裡生長嗎？雖然所謂的中世紀溫暖時期只在公元
900 年至 1300 年這段期間，15 世紀的資料顯示，德勒斯登方
濟各會修道院的修士在他們的花園裡種有無花果樹。據說，
薩克森公爵阿爾布雷希特（Duke Albert of Saxony）在 1476
年前往聖地朝聖時帶回了這些樹。有些類型的柑橘類水果在
中世紀就已經為人所知，可能也在修道院花園裡找到一席之
地。道明會修士麥格努斯（Albertus Magnus, ca. 1200–1280）
是受過大學教育的學者，他寫了一本有關水果的書，提到枸
櫞（*Citrus medica* var. *Cedro*）與苦橙（*Citrus aurantium*）的花和香氣。

　　中世紀記載顯示，修道院迴廊有時會被一圈果樹包圍。
熙篤會尤其認為，在修道院圍牆範圍之外取得並耕種更多土

地是非常重要的。他們在這方面特別熟練，將這類勞作視為工作的一部分。

　　14 世紀末瓦茨拉夫四世（King Wenceslaus IV）委託製作的《聖經》裡有許多插圖，其中一幅讓我們了解到修道院外的這類果園可能是什麼樣子。周圍是由柴枝編成的圓形圍欄，設有一個帶屋頂的小型入口。圍欄後面是十幾棵樹和灌木叢，有些樹上掛滿了果實。九個人正在那裡忙碌地工作：有些正在摘採收集水果，有個人似乎抱著一棵樹──可能正在搖樹。不列顛群島上最古老的迴廊花園圖像繪製於 1165 年，是坎特伯里基督堂（Christ Church in Canterbury）規畫的一部分。規畫中顯示的「界線」包含了兩座花園，花園內的樹木無法明確識別，但肯定是能結果的果樹。

　　加爾都西會（Order of Carthusians）特別值得一提。在加爾都西會的修道院裡，每個修士在花園裡都有一塊地，面積可達 100 平方公尺。木造或石造排水溝確保水源供應，而修士可以決定在自己那塊地

要種些什麼。規則只有一條：樹木不能高到擋住臨近地塊的
陽光。

　　除了樹木之外，聖加侖的平面圖上還有蜂窩，它們很可
能很早就是果園的一部分。畢竟，蜜蜂不僅幫助植物授粉，
也能製造可用作蠟燭的蜂蠟與可用作食用和烹飪的蜂蜜。我
們很難想像出比果園與蜜蜂更加互相依存的共生關係了。對
修士來說，還有一個象徵性的因素。由於蜜蜂從未被觀察到
交配，因而與獨身禁慾的概念聯繫在一起，讓蜂蠟成爲製作
修士用蠟燭的完美材料，用來照亮修士的禮拜場所。

　　這些迴廊花園的氣氛是什麼樣子？宗教團體的發展很大
程度上受到早期基督教隱士的實踐所影響，他們的孤獨造就
了他們沉思的生活。在安靜且相對孤立的迴廊花園裡，盛開
的花朵和氣味特別強烈。《沙漠聖父傳》（*Vitae Patrum*）是
法蘭克編年史家都爾的額我略（Gregory of Tours）在公元 580
年左右寫下的記述，描述聖瑪爾定（St. Martius）在克萊蒙
（Clermont）建立的修道院，聖瑪爾定終生爲上帝的僕人，
活到九十高齡。他是這麼寫的：

　　　修士們有個花園，裡面種滿了各式蔬菜和果樹；這個園
　　　子賞心悅目，也很肥沃。這位受上帝祝福的老者經常坐
　　　在樹蔭底下，聆聽著樹葉在微風吹撫下的沙沙低語。

　　在那裡和其他地方，修士或修女讀著古代作家如維吉爾
和奧維德（Ovid）的作品，按照他們自己的基督教觀點來詮

左頁
波希米亞國王瓦茨拉夫
四世委託製作的《聖
經》中一幅封閉式的果
園，14 世紀晚期

釋這些作品。柏拉圖、伊比鳩魯和泰奧弗拉斯托斯都曾與學生齊聚在花園裡，一同進行哲學思考，而這樣的傳統一直延續到中世紀時期。閱讀古代對花園和自然的描述，影響了修士和修女對周遭植物生命的看法。

15 世紀的一份記述顯示，果園能以另一種方式造福宗教團體——這裡指的是克萊爾沃修道院（Clairvaux Abbey）的修士。早在現代醫學出現之前，患病的修士就能在果園裡獲得相當多讓身體更舒適的東西：

> 許多不同種類的果樹……由於靠近醫務室，給生病的兄弟們提供了不小的安慰：對那些能行走的人，果園有寬敞的散步空間，對發燒的病人來說是一個輕鬆的休息場所……病人坐在綠色的草皮上……當他把目光投向草地和樹木賞心悅目的綠意時，還可以看到垂掛眼前的果實，讓人更加愉悅……就這樣，上帝仁慈地為一場疾病提供了許多舒緩的慰藉：天空露出寧靜清晰的微笑，大地生意盎然，病人用眼睛、耳朵和鼻子享受著色彩、歌聲與氣味的樂趣。

修道院對促進植物栽培發展的作用不可低估。他們在一個活躍的網絡中分享資訊，帶來更優良的水果品種，而來自更南方的植物被系統性地引進和傳播。修士和修女也是第一批將草莓和覆盆子從森林採集推進到種植的人。

近年來，法國考古學家宣布了一項令人振奮的消息：他

們正試圖重建近七百年前的亞維農教宗花園。1309 年至 1376 年間，七位教宗的教廷就在亞維農，在這個時期，教廷處於強大法國國王的統治之下，而義大利則陷於衝突之中。

　　亞維農的第一座教宗花園建設於 1335 年本篤十二世（Pope Benedict XII）在位期間。它沿著晚期哥德式教宗宮殿的東側布局，占地約 2000 平方公尺，四面都有厚實的圍牆。考古學家阿莉嫚特—薇迪隆（Anne Allimant-Verdillon）領導的研究團隊發現了蔬菜與水果物種的種子和植物遺跡，包括種植在陶盆裡的葡萄藤和橙樹。之後的教宗根據自己的喜好

上圖
《健康全書》中的蜂窩，14 世紀晚期

進行改變，增添了葡萄藤棚架、裝飾性樹木，甚至還有涼亭和長椅。我們很容易就能想像人們在這裡穿梭，享受著由此產生的空間。

園藝師負責照護這些場地，他們的助手有男有女，負責一些簡單的工作，如除草、撿拾蝸牛和其他害蟲。事實上，花園是宮殿中唯一允許婦女工作的地方。1376 年，額我略十一世（Pope Gregory XI）被說服返回羅馬，花園很快就荒廢了。現在，致力讓花園恢復生機的工作團隊希望他們從 14 世紀土層找到的一些種子能夠發芽。

右頁
法國中世紀詩歌《玫瑰傳奇》（*The Romance of the Rose*）15 世紀版本的插圖，描繪果園的遊樂場

這引出一個相關的問題：是否可能完全依照曾經的樣貌重建一座迴廊花園？按照聖加侖的平面圖從頭開始的想法似乎不太可行。但近三十年前，出現了幾乎同樣雄心勃勃的嘗試，而且對我們來說很幸運的是，這個嘗試一直持續至今。

1991 年，兩位來自巴黎的建築師萊索（Sonia Lesot）和塔拉維拉（Patrice Taravella）發現了被遺棄的奧爾桑聖母修道院（Notre-Dame d'Orsan），這座規模適中的小修道院曾經隸屬於羅亞爾河谷的豐特夫羅修道院（Fontevraud Abbey）。奧爾桑聖母修道院於 1107 年由達布里塞爾（Robert d'Arbrissel）創建。這個外觀莊嚴肅穆的 12 世紀建築群有高高的紅瓦屋頂，建築從三面包圍著一個庭院。當萊索和塔拉維拉發現這座修道院時，它殘破不堪，豬舍、雞舍和其他附屬建築都成了廢墟。兩位建築師不為所動，不但買下這座修道院，還買下周圍 20 公頃的森林和草地。他們花了最初幾年清理廢墟，組織起來，為下一步做準備。他們並沒有天真到相信自己可

以完全按照原來的樣貌重建這個建築群。畢竟,他們甚至不
知道它原來是什麼樣子。

　　中世紀的微型畫、掛毯和文本為他們的工作帶來靈感。
他們做了幾個重要的決定。只要有可能,木材將是首選的建
材。園藝工作將使用簡單的工具手工完成。使用傳統肥料,

如糞便、粉碎的角和乾血。他們選擇了硫酸銅和生石灰的混合物──稱爲波爾多液（Bordeaux mixture）──作爲殺眞菌劑，儘管嚴格來說這東西是 19 世紀的發明。他們還決定使用現代化的澆水系統，如此一來，就能把更多時間投注在植物本身。

就像一座眞正的中世紀迴廊花園，奧爾桑聖母修道院的花園有各種植物，但果樹相當多。菜園有七十棵李樹，設計成一個象徵著通往耶路撒冷之路的樹籬迷宮。爲了確保在夏末的不同時期都可以取得成熟的李，萊索和塔拉維拉選了四個不同品種的李，包括聖凱薩琳李（Sainte-Catherine）、南錫米拉別李（Mirabelle de Nancy）、金克勞德皇后李（Reine-Claude dorée）和阿爾薩斯大馬士革李（Quetsche d'Alsace）。附屬建築物的牆壁上布滿長成 U 型的蘋果樹和梨樹。種植品種有克朗塞爾蘋果（Transparente de Croncels）、勒芒小皇后蘋果（Reinette du Mans）、卡維爾白蘋果（Calville blanche）等，儘管這些品種名讓人有些聯想，但它們都是八百年前不存在的栽培品種。

這裡也有一個小葡萄園，白梢楠葡萄（Chenin blanc）長在攀爬棚架的藤蔓上：柵欄板是用柔韌的栗樹嫩枝條編成。在某些年分，收穫的葡萄可以釀成具有獨特蜂蜜香氣的白梢楠葡萄酒。

修道院東北部有一片牧場，在他們買下這片土地時，那裡有三棵梨樹，現在那裡已經變成主要的果園。果園裡種了二十三個不同品種的蘋果，樹木採梅花形排列。任何有玩過

骰子的人都見過這種排列形式：一個正方形，每個角都有一個點，中間也有一個點——換句話說，就是「五」的符號。公元 1 世紀的古羅馬修辭學家昆體良（Quintilian）在他的重要著作《演講術》（*Oratory*）中，描述了這種模式。該書約出版於公元 95 年。書裡是這麼寫的：

> 有什麼比從任何方向看都呈直線的梅花形更美的嗎？……那麼，有人會問，種植果樹時難道不應該考慮美感？無庸置疑；我應該按照特定順序來排列我的樹木，並在每棵樹之間保留固定的間隔。

他還認為，以有規律的方式種植樹木有助於樹木的生長和健康，「因為每棵樹都能吸取土壤中相同分量的液體」。

漿果灌木沿著分隔修道院和果園的道路排列。在藥草園裡，兩棵橄欖樹在夏天提供遮蔭；到了冬天，它們會被蓋起來以抵禦寒冷。細心觀察甚至可以發現小橙樹。

修道院重新從廢墟中站了起來。由於萊索、塔拉維拉，以及園藝師負責人吉洛（Gilles Guillot）的努力，我們可以想像當年住在這裡的修士可能過著什麼樣的生活。奧爾桑聖母修道院是一座紀念碑，見證了上帝和自然引導人類活動的時代。而且這座花園也藏著一個祕密。修道院創建人達布里塞爾死前，安排將自己的遺體埋在一座大教堂裡，但他的心臟留在奧爾桑。他的心還可能被埋在哪裡呢？

修道院博物館（The Cloisters）是另一個很有意思的地

方，顧名思義，這裡有許多中世紀修道院迴廊的重建。它位於曼哈頓北部，坐落在哈德遜河上一座公園內的小山丘上。該建築群於 1938 年開放，其結構元素來自法國好幾個不同的地點。與之相關的博訥豐修道院花園（Bonnefont Cloister garden）被柱廊環繞，呼應著古羅馬時期的圍廊式花園，裡面有葡萄藤、樹籬整枝的梨樹和一些榅桲。就如今天存在的其他「中世紀」花園，它只是其歷史模型的近似，但仍然可以喚起這些花園的氣氛，讓我們感受到在長滿果實的樹下度過時光是什麼模樣。

右頁
德國文藝復興時期畫家老盧卡斯・克拉納赫在約 1530 年的《黃金時代》（*The Golden Age*）中創造了一個理想世界的願景，在這個世界中，人們要做的就是放鬆、快樂過活和享用豐盛的水果

《塞魯提之家的四季》（*The Four Seasons of the house of Cerruti*）是流傳於義大利維羅納（Verona）一帶的手抄本，書中有豐富的微型畫，是了解中世紀時期人們如何理解與栽種各種植物和樹木的寶庫。這份精采的手稿也被稱為《健康全書》，它所採用的分類標準與我們目前熟知的完全不同，是依據一種全面性的健康和飲食概念，對現在的我們來說非常陌生。書中提及的知識比書本身的起源要早得多：它從阿拉伯醫學傳統發展而來，而阿拉伯醫學傳統又借鑑了古希臘醫生迪奧斯科里德斯（Dioscurides, 40–ca. 90）和蓋倫（Galen, 129–ca. 216）等傳奇人物所實踐的古代經典醫學。11 世紀早期出生於巴格達的基督教醫生伊本・巴特蘭（Ibn Butlan）的思想也有些許影響。

該書有兩百零六幅插圖，被認為是米蘭畫家德・格拉西（Giovannino de'Grassi）的作品。它們描繪了 14 世紀義大利

北部的風俗和習慣。特定的樹木和植物扮演著重要的角色，動物、香料、水的類型、甚至風，都有其作用。每幅畫都傳達一種建議，儘管今日的我們對這些建議的有效性可能抱持懷疑，但它們確實提供寶貴的觀點，讓我們了解時人如何看待自然。

雖然畫中未曾出現過完整的果園，這些插畫仍然提供許多不同的角度，讓我們自行填補出完整的畫面。它們是依季節組織的。關於梨的條目（pirna）讓人對書中採用的方法有些概念：

香醇成熟的梨會製造冷血，因此適合夏季和南部地區體質燥熱的人。對腸胃不好的人有益，但有礙於膽汁分泌。這種危害可以藉由飯後嚼幾瓣大蒜來補救。

這個條目還聲稱，根據迪奧斯科里德斯的說法，將梨樹的灰燼溶解在飲料中喝下，可以中和毒菇的毒素。事實上，這本書告訴讀者：「將野梨和菇放在一起煮，就可以避免任何對身體的害處。」我們希望那些輕信的讀者沒有將這個理論付諸實踐。

修道院迴廊和它們的花園可能是試圖創造一個由《聖經》原則支配的世界，但相對於伊甸園，它們只是相形見絀的複製品。幾個世紀來，伊甸園一直保有它的魅力，在人們的集體想像中形成一個獨立的存在，經過一系列迂迴曲

折，最終在現實留下了印記。義大利作家薄伽丘（Giovanni Boccaccio, 1313–1375）在《十日談》（*Decameron*, 1348）中描述一座鮮花果樹的花園，其魅力幾乎可媲美伊甸園：

> 四處開滿了花，周圍是生長茂盛的綠檸檬和橙樹，樹上開滿了花，結了成熟的果實，為視覺提供令人愉悅的陰涼，也有宜人的香氣。

然而，薄伽丘清楚描述的仍然是一座可能實際存在的花園。耶穌會學者基歇爾（Athanasius Kircher, 1602–1690）更進了一步。他不滿足於僅僅考慮伊甸園的概念，試圖以更具體的形式來捕捉：一張地圖。這幅地圖顯示出從上方角度觀看花園的布局，並將之定位在美索不達米亞。花園的形狀是一個大長方形，有一堵牆環繞，裡頭有滿滿的樹。中央似乎有個泉眼，為四條河流提供水源，這些河流向不同方向延伸（而且一直流到圍牆之外）。在一棵特別大的樹下，可以看到亞當和夏娃。

基歇爾並不是憑空為花園選擇這種形式的。它代表被分成四個部分的四方形花園原型：這種設計起源於前《聖經》時期，例如波斯統治者居魯士二世（Cyrus II）在首都帕薩爾加德（Pasargadae）的花園。後來，這種基本的幾何結構在中世紀教堂和迴廊的封閉式花園中得以延續。伊斯蘭花園同樣以天堂為典範，從安達魯西亞到印度的例子也呼應著這種形式。雖然這些四方形花園並不總是有果樹，肯定也不是唯

一能找到果樹的地方，但它們建立了一個延續數千年的重要模式。

基歇爾並不古怪。17 世紀基督徒從字面上理解《聖經》中關於世界起源的描述，其程度是我們這個更科學的時代所難以想像的。在不列顛群島，好幾位作者基本上發起了一個運動，將這個《聖經》故事付諸於實際的果園設計。其中一個例子是清教徒米爾頓（John Milton, 1608–1674），他對天堂有一個非常精確的概念，認為它是位於東方的一大片區域，周圍有「最美好的樹木，結著最豐盛的果實」。更重要的是，他想像了與這個領域相關的具體任務：樹木要豐收，必須有人「修剪」、「整枝」、「支撐」或「綑綁」它們。但亞當和夏娃的勞動得到豐盛的回報，因為果實「有金黃的外皮」和「可口的味道」。

甚至早在 16 世紀，就有許多作家滔滔不絕地討論水果——尤其是外來物種——與原始伊甸園之間的關係。這個時期出現的一些書籍探討如何布置植物和果樹才能讓花園成為真正的天堂。

英國皇家醫師帕金森（John Parkinson, 1567–1650）在其第一本著作《陽光下的天堂，人間天堂》（*Paradisi in Sole / Paradisus Terrestris*）中詳盡描述了一座花園、一座菜園與一座果園的植物和樹木。（書名的英文翻譯「Park-in-Sun's Terrestrial Paradise」恰為作者姓氏的雙關語。）因此，帕金森的伊甸園由三座園子組成，地球上的一切都在這裡生長。書中有一幅整頁插圖名為「果園模型」，展現出樹木的幾何布

左頁
歐楂曾經很受歡迎，現在已經不常見，16 世紀

局,可以在各個方向重複和延續。在最終形成的圖案中,樹木形成林蔭道,樹枝形成連接它們的拱門。

　　來自斯塔福德郡利克鎮(Leek, Staffordshire)的奧斯坦(Ralph Austen, 1612–1676)經營一家商業苗圃,後半生在牛津度過,於 1659 年在牛津開創蘋果酒事業。他堅信,新的作物植物和園藝方法可以幫助解決如貧困與失業等社會問題。他找到一種獨特的方式來表達果樹的「尊嚴與價值」,賦予它們超越其直接用途的意義。他在《果園或果樹園的精神用途》(*The Spiritual Use of an Orchard or Garden of Fruit Trees*)中寫道:

> 世界是一座大型圖書館,果樹是其中的一些書籍,我們可以在這些書中清楚讀到和看到上帝的屬性、祂的權力、智慧、善良等等,並藉此在許多事情上得到指導和教育,了解我們對祂的責任,這甚至可以從果樹上習得。因為樹木(在比喻意義上)是書籍,因此同樣就這個意義而言,它們可以發聲,可以對我們說清楚,讓我們習得許多好的教訓。

　　嚴格來說,這份出版物是一本小冊子,裡面包含他的 1653 年作品《論果樹》(*A Treatise of Fruit-Trees*)的一部分。扉頁上提到《所羅門的歌》(Song of Solomon,又作《雅歌》)第四章第十二至十三節:「我妹子,我新婦,乃是關鎖的園,禁閉的井,封閉的泉源。你園內所種的結了石榴,有佳

美的果子。」這句話所傳達的訊息是，利潤與樂趣應攜手並
進──這個想法藉由封面上這兩個詞的出現和一張握手的圖
畫，非常透澈地表達出來。一切都如此和諧：還有什麼比這
更好呢？

　　對奧斯坦來說，高產的果園是通往天堂的關鍵。《講求
實際的果農》（*The Practical Fruit-Gardener*, 1724）作者史威策
（Stephen Switzer）也呼應了奧斯坦的想法。史威策曾在倫敦
布朗普頓公園（Brompton Park）苗圃接受訓練，該苗圃在當
時是該領域的佼佼者。史威策寫道：

> 一座精心設計的果園就是天堂本身的縮影，在那裡，人
> 的心靈正處於極致的狂喜之中，德行者的靈魂在這個塵
> 世的國度享受著它們所能感受到最極致的喜樂。

他將這個信條與確切的引導相結合，設計出他心目中的
完美花園。

勞森（William Lawson）更早的著作《新果園與花園》（*A New Orchard and Garden,* 1618）是非常受歡迎的園藝書，在同
代的評論家看來，這本書的風格讓人想到《欽定版聖經》。
這裡舉個例子：

> 在人間所有樂趣中，果園所帶來的樂趣是最美妙的，也
> 是最符合自然規律的……你的眼睛想看的、耳朵想聽
> 的、嘴巴想嘗的或是鼻子想聞的，有什麼是一座豐富多
> 樣的果園裡所沒有的呢？

對勞森來說，果園就像是直接取自天堂的景觀：

> 就我的觀點來說，如果你們的果園有條銀光閃爍的溪流
> 流經或流過，我可以高度讚揚；你可以坐在你的山上，
> 釣一條有斑點的鱒魚、滑溜溜的鰻魚或是其他美味的魚
> 兒。你也可以在環繞花園的河裡划著船，用網捕魚。

許多伊莉莎白時代或斯圖亞特時代的花園確實包含了一
座人造山丘或「山」。樓梯或蜿蜒小路通向其最高點，讓人
飽覽令人愉悅的景觀。我們不應低估這種花園為人們提供運
動機會的重要性。一段令人驚奇的文字清楚說明這一點：

為了有機會在果園裡鍛鍊身體，能設座保齡球場，或是
有幾個房間能伸展手臂，也會是件愉快的事。

　　將果園設計成確切模式以清楚反映基督教精神信仰的想
法，只在相對少數的一群人中存在相當短暫的時間。後來種
植的花園繼續遵循同樣的理性原則，但是並不打算模仿天堂
的規畫。然而，花園特別適合促成救贖的想法，不會輕易在
短時間內消失。相反地，它從一個時代延續到另一個時代，
隨著時代的信仰呈現出新的形式。

— 7 —

太陽王的梨

講到凡爾賽宮的「國王菜園」（Le Potager du Roi），這個名字會讓人聯想到種植蔬菜和香草的菜圃與藥圃，不過這其實是相當保守的陳述。宮廷園林的設計出自勒諾特（André Le Nôtre）之手，勒諾特是太陽王路易十四的首席園藝師。1678 年，醉心園藝的律師拉昆提涅（Jean-Baptiste de La Quintinie）開始在宮殿南邊布置一座占地 9 公頃的廣闊花園，爲宮廷提供蔬果。早期的花園面積較小，不堪此任。爲這個計畫選定的沼澤地似乎不是那麼大有可爲：資料顯示這是一片發臭的沼澤。當時用上了好幾個團的瑞士衛隊，才將沼澤抽乾，並填上肥沃的土壤。

巴黎附近的凡爾賽於 1682 年成爲法國宮廷的住所和政府所在地。新的果菜園於次年完工。就如宮殿的其他部分，果菜園的設計也是爲了維護國王的公衆形象。整個建築群就

像一件精緻的藝術品，表達出那個時代的典型願望——展現
對自然的征服。路易十四讓拉昆提涅管理他的菜園，經常讓
拉昆提涅護送他穿過菜園。他使用的側門非常能彰顯出一位
絕對君主的權力：那座大門經過特別打造，有豐富的鑄鐵裝
飾。當威尼斯總督或暹羅大使等重要貴賓來訪，路易十四也
會讓他們參觀這座果菜園。

　　圍牆的一部分被擴建成一個露台，國王可以在那裡散
步，俯瞰下方的豐餘。這裡有一個很有趣的建築特點，即面
向南方、東方或西方的外牆上加入了二十九個封閉空間。由
於這些小型空間有擋風設計，即使在一年當中較寒冷的時
候，也能在晴天形成相對溫暖的微氣候。因此，這些地方是
種植無花果樹、桃樹和杏樹的理想場所，這些樹對寒冷較敏
感。甜瓜、草莓和覆盆子（梅斯甜莓〔 Sucrée de Metz 〕）等
據說也種在這裡。果樹的枝條並不會任其生長，而是以樹籬
整枝的方式引導，其中有一些被整成相當奇特的形狀，如此
一來，這些果樹就與整座宮殿和其庭園高度人工的外觀互相
協調。當然，拉昆提涅也知道，迫使樹木長成扇形，意味著
會有更多陽光照射到樹枝上。

　　爲了取悅他要求極高的客戶，並爲數千人的宮廷提供所
需數量的美麗優質水果，拉昆提涅肯定承受著巨大的壓力。
在夏天，果菜園每天要供應四千顆無花果。拉昆提涅的另一
項卓越功績是在植物正常生長季節之外的時間成功栽植。據
傳，他能在 1 月分端出草莓取悅宮廷衆人的味蕾。即使這個
故事是眞的，這些漿果肯定不是特別甜。在該園建立時，溫

前頁
梨有多種風味、顏色和
形狀，1874 年插圖

室還沒有發明出來；溫室是在五十年後才出現在這個世界上。然而，拉昆提涅還有其他招數。他將玻璃穹頂放在生長季節較早的植物上，並在地上撒上新鮮馬糞來溫暖它們。其他統治者很快就對拉昆提涅的驚世之才起了興趣，據說他拒絕來自英國國王一個相當有競爭性的邀約。

在凡爾賽期間，拉昆提涅甚至抽空寫了一本關於果園和菜園的手冊，以英文出版，名爲《園藝師全書；果園和果菜園種植及正確排序指南》（*The Complete Gard'ner; Or, Directions for Cultivating and Right Ordering of Fruit-Gardens and Kitchen-Gardens*）。除了涵蓋植物學的許多面向之外，這本精采的著作還描述五百種梨，這絕非偶然。拉昆提涅寫道：「必須承認，在這個地方的所有水果中，沒有比這只梨更美麗高貴的了。梨是最能給餐桌增光的水果。」

太陽王特別偏愛這種水果，尤其是芳香甜膩的「Bon-chrétien d'hiver」（意譯「冬天的好基督徒」），這個品種的梨長久以來一直被視爲初升太陽的象徵。這種梨有奶油般的黏稠質地和麝香般的香氣，圍繞著它的神話也有了自己的生命。1816 年，一位名叫威廉斯的果園經營者在倫敦園藝學會（Horticultural Society of London）的水果展上展示了這種梨，而這種梨也因此被稱爲「威廉斯梨」（Williams Bon Chrétien），並從此征服了世界。它已經傳到波士頓，在巴特利（Enoch Bartlett）收購種植這種梨的土地後，這種梨就開始以他爲名。今天在美國和加拿大，「巴特利」仍然是這種梨最常見的名稱。

在隨後的幾個世紀中，
凡爾賽宮的花園經歷幾個
不同的階段。1735 年，
出現了一個特別值得紀
念的創新。拉昆提涅的
繼任者雷諾曼（Louis Le
Normand）自豪地向路易
十五展示第一批在加熱的溫室
中成功栽培的鳳梨。那裡甚至還
種了香蕉樹。海利根失落花園（Lost
Gardens of Heligan）位於幾十年前在英
格蘭康沃爾郡（Cornwall）重新發現
的一座莊園內，經過重建後，那裡仍
然用馬糞保溫的特殊坑窪來種植鳳梨。

　　17 世紀和 18 世紀的法國是果園的黃
金時代，此時的法國是全球果園發展的先行
者。到 17 世紀末，由樹木專家和果農組成的廣泛網絡已經遍
布歐洲大部分地區。法國園藝師——主要來自巴黎周邊地
區，即當時的水果生產中心——前往不列顛群島和德國，而
他們的英國同行也來到法國。他們之間的銷售和交流非常活
躍，熱烈追求最不尋常和最具吸引力的品種是常態。

　　沒過多久，這個網絡就拓展到北美地區。18 世紀，在德
國和法國分別被稱爲「Zwetschge」與「prunier de Damas」的
西梅李已經傳入北美洲，在蒙特婁的果園和當地品種一起生

長，而勒芒小皇后蘋果和卡維爾白蘋果也是如此。安德里厄家族（Andrieux）在法國擁有的一家苗圃非常自豪於他在世界各地經營的人脈。然而，安德里厄向客戶提供的「加拿大勒芒小皇后」嫁接樹，很可能源自法國諾曼第地區，而這個名稱可能只是一個行銷技巧，讓這種植物看來更有趣、更具異國風情。

　　梨、桃和無花果在這個時期特別受歡迎。人們聲稱被它們的香氣所吸引。達胡倫（René Dahuron）在他 1696 年出版的《果樹修剪新論》（*Nouveau traité de la taille des arbres fruitiers*）一書中問道：「麝香或琥珀的香氣是否能超過好梨或好桃子完全成熟時的香味？」對於拉昆提涅的學生達胡倫來說，這個問題純粹是個不需回答的反詰句。相形之下，李就沒什麼人喜歡；當時的法國還有一句俗諺是「寧可要兩個雞蛋也不要一個李」。人們認為，樹籬整枝的空間太寶貴了，不可以浪費在李上。

　　為什麼李這種水果會如此不受歡迎？它主要的「失敗之處」在於太尋常，欠缺異國風情。李也因為其輕瀉的特質而惡名昭彰。人們認為成熟的李樹不好看，看來稀疏又畸形。當然，這種看法並不公平，尤其因為人們不會以樹籬整枝的方式引導這種植物的生長方向，當然就無法表現出如高度栽培的梨樹和蘋果樹那種受規範且優雅的形態。更重要的是，李樹很容易照顧，而且非常適應中歐的氣候。種植李樹不需要特殊才幹——事實上，這種樹經常是野生的。然而，儘管李樹地位低下，藝術家卻因為其豐富的色彩而欣賞它們。黃

左頁
威廉斯梨，1853 年

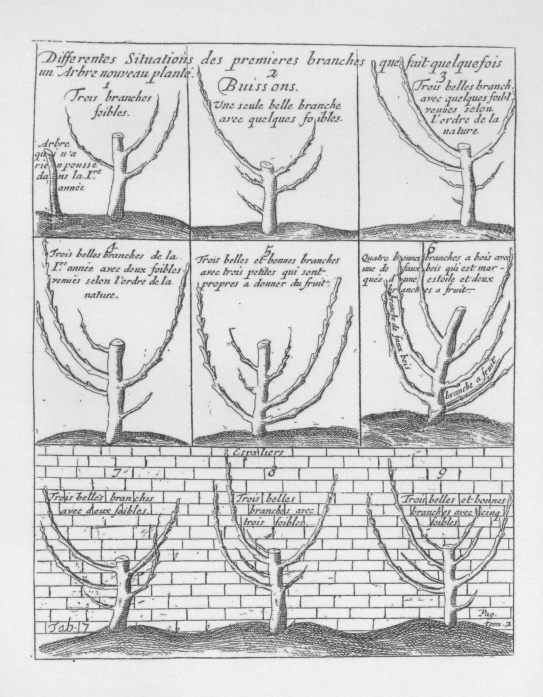

Differentes Situations des premieres branches que fait quelquefois
un Arbre nouveau planté.

1
Trois branches
foibles.

2
Buissons.
Une seule belle branche
avec quelques foibles.

3
Trois belles branch.
avec quelques foibl.
venües selon
L'ordre de la
nature

Arbre
qui n'a
rien poussé
dans la I.re
année

4
Trois belles branches de la
I.e année avec deux foibles
venües selon l'ordre de la
nature.

5
Trois belles et bonnes branches
avec trois petites qui sont
propres à donner du fruit.

6
Quatre bonnes branches a bois avec
une de faux bois qui est mar-
quée d'une estoile et deux
branches a fruit.

branche de faux bois

branche a fruit

Espaliers

7
Trois belles branches
avec deux foibles.

8
Trois belles
branches avec
trois foibles.

9
Trois belles et bonnes
branches avec cincq
foibles.

Tab. 7

Pag.
tom. 2.

色、紅色、綠色、紫色和黑色等明亮色調，讓靜物畫生動了起來。

　　至於蘋果和梨，兩者之間的競爭特別激烈。這在某些方面是令人驚訝的，因為梨更難照顧得多：梨得在成熟之前摘採，而且由於更嬌貴，也更難運輸。然而，太陽王和他的首席園藝師對梨的明顯偏好，置蘋果於不利地位。這對蘋果來說是個不小的打擊，因為一個世紀前，作家們還在歌頌這種水果。艾蒂爾（Charles Estienne）和他的女婿李葆（Jean Liebault）所寫的《農業與鄉村住宅》（*L'agriculture et maison rustique*, 1564）裡就有這樣的讚歌。他們是這樣寫的：「蘋果樹是所有樹中最必要且最有價值的；因此，荷馬在他的時代已經稱它爲結著美麗果實的樹。」即使在凡爾賽宮花園主導著果園發展的基調之際，蘋果仍然受到許多人追捧。

　　直到路易十五執政末期，拉昆提涅仍是法國水果種植方面的權威。許多作者乾脆直接抄襲他的作品，甚至不屑於掩飾剽竊行爲。眞正展現出對植物處理過程更深入了解的新書，如孟梭（Henri-Louis Duhamel de Monceau）的《果樹論》（*Traité des arbres fruitiers*），一直到 18 世紀下半葉才出現。

　　雖然將最新的見解應用於嫁接和栽培已經是相當大的成就，但水果種植大師還擁有另一項重要技能。他們能組織果園中的水果品種，讓它們在不同時間成熟，確保水果的持續供應。當然，並非每種水果都能夠做到這一點。然而，一些資料顯示，早在 17 世紀下半葉，法國幾位最重要的園藝師幾

左頁
樹籬整枝指南，拉昆提涅《園藝師全書》，
1695 年

——
右頁
如何為一棵生長過度的
樹重新注入活力，拉昆
提涅《園藝師全書》，
1695 年

乎已經能全年供應梨了。早熟的埃帕爾涅品種（D'Epargne）
和買格內爾品種（De Jargonelle）於 6 月中到 7 月初在蒙特莫
朗西（Montmorency）山谷成熟，最早上市。緊接其後的是雙
頭品種（À Deux Têtes）、皇家品種（Royale）和大型的夏季
烹飪用梨山谷品種（De Vallée）。秋天帶來了可愛多汁的品
種，如讓爵士（Messire-Jean）、坦邦（De Tantbonne）、英
格蘭（D'Angleterre）和香檸檬（De Bergamote）。同時，冬
季品種如冬梨（Poire d'hiver）、活力（Vigoureuse）、乾馬
丁（De Martin-sec）和丹戈貝爾（De Dangobert）等，在儲
藏室或果窖裡等待，慢慢達到最佳成熟度。當一切都按照計
畫進行，天氣也如預期，新鮮的梨可以從 6 月中旬一直賣到
次年 5 月——一年十二個月中有十一個月吃得到梨，令人驚
異。當然，價格會隨著時間浮動，而且我們也不知道 5 月分
最後一批梨的風味如何。它們是否符合現代人在風味和質地
方面的高標準，是令人存疑的。

　　果園是活生生的實驗室：果園的管理人爲現有品種重新
注入活力，讓新物種適應水土，同時也得處理好與主顧和主
人之間有時充滿挑戰的關係。果樹常常得和葡萄藤、蔬菜和
用作動物飼料的植物分享可用空間。其他樹木和花卉也可能
存在。有限區域內的這種多樣性，能創造出有利的微氣候，
讓植物的澆水和施肥變得相對簡單。

　　以有組織的形式種植果樹和其他植物不僅具有美感，還
能充分運用空間，精心修剪則讓樹的內層獲得果實成熟所需
的日照，也讓陽光能照射到下方的植物。然而，有時無良的

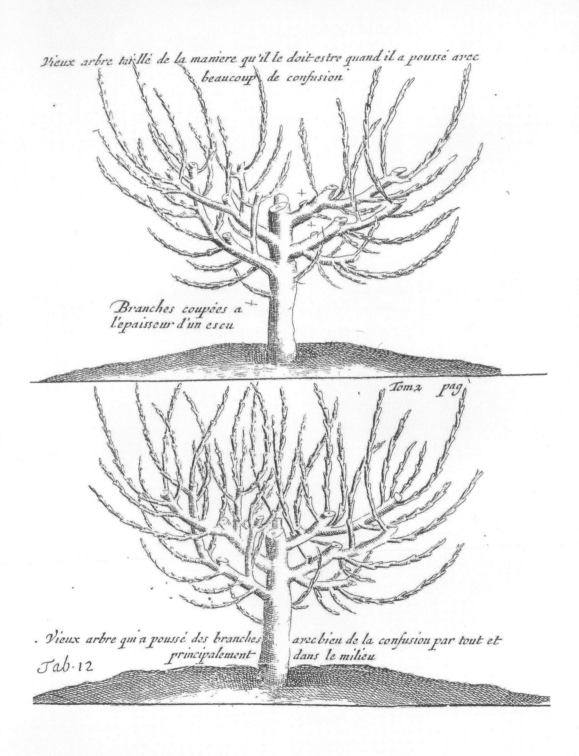

Vieux arbre taillé de la manière qu'il le doit-estre quand il a poussé avec
beaucoup de confusion

Branches coupées a
l'epaisseur d'un escu

Tom.2 pag.

Vieux arbre qui a poussé des branches avec bien de la confusion par tout et
principalement dans le milieu

Tab. 12

園藝師會借修剪之便砍下更多樹枝，當成寶貴的木柴賣掉，獲取不義之財。1700 年左右，曾有位果園主指控他的園藝師博內爾（Pierre Bonnel）耍了這樣的花招。博內爾辯稱，「在耶誕節前八個小時」，他鋸掉一些蘋果樹的樹枝，好確保下方的葡萄藤能獲得足夠的空氣。也許這是真的，也許博內爾只是想讓自己的假期過得更開心點。

　　另一方面，也有「偷竊」和傷害的風險。在中歐和其他地區，果園和葡萄園通常被柵欄、樹籬和石牆包圍，保護植物免受家畜破壞。若果樹生長在比較開闊的地方，沒有針對放牧家畜的保護措施，樹幹通常會被樹枝、帶刺的灌木叢或隨著微風飄動的舊布條包圍——任何被認為可以遏止動物的必要手段。在一些地方，只要不和鄰居發生衝突，動物可以在果園裡放養。

　　山羊造成的威脅最大，因為牠們不但愛吃樹葉，還會爬到樹上，損及結果的樹枝。由於這樣的癖性，中歐大部分地區對飼養山羊是禁止或有所限制的。不過在阿爾卑斯山地區就沒那麼極端的限制，如果有牧民看管，山羊可以加入漫遊的牲畜中。損害果樹的山羊會受到殘酷的懲罰，有時也會導致牠們死亡。有一種特別可怕的殺羊法，將作案山羊的角吊掛在分岔的樹枝上。如果鄰居交惡，有時甚至會故意把山羊趕進果園，好造成財產損害。

　　豬在果園內同樣不受歡迎，因為牠們有挖土的習慣，也會把樹上掉下來的果實吃掉。若無法將牠們擋在果園外，通常會在牠們的鼻子上安裝一個金屬環，防止牠們挖土。

　　豐收是精心維護果園的回報，但也帶來其他新問題。對
於那些在同個時間成熟但可能在來得及食用之前就變質的水
果，到底該怎麼處理？是否可能確保冬季的水果供應？比較
耐放的新鮮水果替代品，包括果醬、用果汁製成的果凍、糖
漬蜜餞和用醋醃漬的水果。另一個選擇是將水果發酵成酒，
讓灰暗的冬日變得更容易忍受。

　　一些水果如杏、桃和櫻桃，經過烹煮後保存在「生命之
水」（eau de vie）這種澄清的水果白蘭地中。也有許多果醬
配方，但從我們的角度來看，有些配方聽來挺奇特的：做成
鹹味，或者用果汁、蘋果酒或蜂蜜為甜味劑。17 世紀末，由
於從法屬安地列斯群島和殖民地法屬聖多明戈（Saint-Do-
mingue，今多明尼加共和國的聖多明哥）進口的糖激增，推
動了甜果醬的潮流。

　　有些水果會被儲存起來，以便在幾個月後還能享用新鮮
的水果。讓這一切可能發生的嚴謹工作，發生在果園的外
圍。它以「果窖」為中心，是一個專門為儲存水果而打造的
建築。果窖裡的珍貴內容物受到保護，不受潮溼、低溫和飢
餓的齧齒動物影響。然而，維護這樣的建築是一種奢侈，只
有富人才能負擔得起必需的人力。直到 20 世紀中葉，北半
球的其他人口幾乎沒有選擇，冬季幾個月吃不到新鮮水果，
只能等到冬季過後再設法彌補維生素不足的問題。

　　關於如何儲存水果，我們可以再次參考拉昆提涅的精確
描述。他解釋說，果窖的北側需要一堵厚實的牆，保護果窖

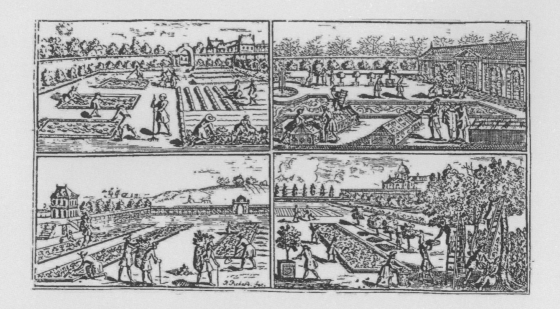

上圖

凡爾賽宮果菜園四景，
拉昆提涅《園藝師全
書》，1695 年

免受寒冷北風的影響。隔熱門窗也是必要的。房間中央放一張大桌子，可以用來放置水果籃和瓷盤。他建議在牆上掛上略微傾斜的架子，用來放置水果，並貼上標籤，標明水果種類和食用日期。水果應該小心地鋪在一層苔蘚或細沙上，這樣可以吸收額外的水分。工人們必須定期檢查房間，確保通風良好，並立即移除變質的水果，以免造成腐爛的微生物擴散。在特別寒冷的時期，必須點燃木柴或煤爐以保持建築物溫暖。當然，捕鼠器或貓也是必備，以免老鼠危害。

在這個時期，烹飪書有時仍會引用舊的飲食指南，指明新鮮無花果、桃、李、杏、黑莓和櫻桃只能在飯前吃，梨、蘋果、榲桲、歐楂和山梨應該在飯後吃。（歐楂和山梨現在

已不太爲人所知，它們是薔薇科植物，與蘋果有些相似。）
除此之外，大多數水果都被用作調味料並用於烹飪。但人們
對新鮮水果的態度也開始有了明顯的變化。一個例子出現在
1784 年的手冊《果園學校》（*L'ecole du jardin fruitier*）中，有
位德拉布列托尼先生（Monsieur de La Bretonnerie）寫道：「完
全成熟的水果才是健康的……即使水果無法治療疾病，它可
以緩解症狀，甚至提供保護。」

　　凡爾賽宮的花園發生了許多變化，但在最初創建的三百
多年後，其幾何結構仍然清晰可辨。雖然周圍有些圍牆已被
拆除，但太陽王那扇華麗的大門仍然矗立此地。那裡生長的
幾千株植物代表了四百五十種水果，如一百四十個品種的梨
和一百六十個品種的蘋果，包括一些過去幾個世紀的品種。
自 2007 年以來，受訓於康乃爾大學和其他機構的美國人雅各
布森（Antoine Jacobsohn）擔任這裡的首席園藝師。他最喜歡
的梨是質地滑膩多汁的昂古萊姆公爵夫人品種（Duchesse
d'Angoulême）。花園裡可以找到的另一個植物瑰
寶是阿皮黃蘋果（Api jaune），一種老普林
尼所熟知的傳奇性蘋果。

— 8 —

往北遷移

到13世紀，從前在南方地區發現的果樹肯定已經在不列顛群島上蓬勃發展。在這段時期，水果種植發展成一門生意。這個時期的紀錄顯示，在英格蘭西南部，果園工人的部分工資是以蘋果酒的形式支付——這種作法在該地區一直持續到相對不遠的過去。14世紀，倫敦市場由比林斯蓋特（Billingsgate）與伊斯特奇普（Eastcheap）的塔丘（Tower Hill），以及倫巴底街（Lombard Street）和弓巷（Bow Lane）的果園供應。許多以水果種植為題撰書的作者，都把他們的實用技巧用詩歌包裝起來。例如，圖瑟（Thomas Tusser）在1580年編寫的園藝指南《優良農事管理五百要點》（*Five Hundred Pointes of Good Husbandrie*）以悅耳的詩文提出下列有關收穫的建議：

果子採得太即時會有木味，

會縮水變苦少有美味。

從樹上搖下打下的果子亦如此，

掉落造成的碰傷擦傷很快就會有問題。

——
前頁
英國薩塞克斯西迪恩莊
園的維多利亞式桃花屋

——
上圖
15 世紀的法國果園

　　在法國，水果種植是皇家花園的一個重要組成。1784年，喬治三世在位時期，水果專家福賽斯（William Forsyth）被任命爲肯辛頓宮（Kensington Palace）的園藝師。除了採取插扦的方式開始在該地建立果園之外，他還在園區西側擴建了一個新果園，以及種植甜瓜和黃瓜的菜圃。福賽斯似乎已經放棄在那裡種植蔬菜，完全專注於水果，將肯辛頓的收穫和來自其他果菜園的供應放在一起。我們不知道如此送來的供應——大多爲桃，但也有油桃、杏、葡萄、覆盆子、無花果、李、梨和一個甜瓜——是否足以滿足國王陛下和其他王室成員的需求。無論如何，什麼也沒剩下，但從前爲王室種

植蔬菜的情況並非總是如此。

1804 年，艾頓（John Townsend Aiton）被任命為溫莎堡（Windsor Palace）的首席園藝師，並成為倫敦王室的水果供應商。他的水果種植工作分散在溫莎公園內四個獨立的蔬果園裡，每個蔬果園都有各自的鳳梨溫室，以及用於加速葡萄生長的暖房。這些果菜園相距甚遠，艾頓得花上半天才能逛一圈。他和皇室客戶的協議明確規範他的工作內容：

> 以最適當和便利的方式將農產品運送至國王陛下或皇室任何成員或僕人所在的任何地方……可以定居，只要距離溫莎堡不得超過 22 英里。

此外，將水果運送到其他宮殿的人還可以得到「人頭費」：運送到皇家邱園者每日可得 4 先令，運至聖詹姆斯（St. James）者則可獲得 5 先令的補償。儘管遇上不少困難——這並非溫莎獨有的狀況——艾頓在這個崗位上一直待到 1830 年，即英王威廉四世登基的那一年。

英國園藝界長久以來一直很關注法國果園相關的一切，但成果有好有壞。由於這個原因，或是民族優越感對印象造成影響，拉羅什福柯（François de La Rochefoucauld）於 1784 年造訪薩福克郡（Suffolk）時曾給了非常嚴厲的評價：

> 果菜園的管理不如我們：園藝師在工作上沒有受過充分

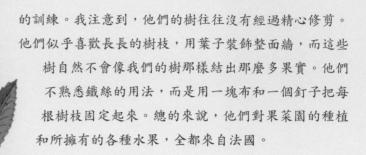

的訓練。我注意到，他們的樹往往沒有經過精心修剪。
他們似乎喜歡長長的樹枝，用葉子裝飾整面牆，而這些
樹自然不會像我們的樹那樣結出那麼多果實。他們
不熟悉鐵絲的用法，而是用一塊布和一個釘子把每
根樹枝固定起來。總的來說，他們對果菜園的種植
和所擁有的各種水果，全都來自法國。

水果需要熱才能成熟，而英國的氣候尤其
不容易獲得熱能。解決這個問題的一個方法，
是用牆圍起大空間，讓果樹得以在氣候受控的
條件下生長。果菜園的圍牆必須夠高，以保護植物不
受惡劣天氣影響，但也不能高到完全擋住陽光。約 2、
3 公尺是典型的高度。圍牆由石頭、石膏和泥土砌成，有
時上面會蓋上瓦片屋頂，多少有一定的防雨作用：水不
易滲入，牆的壽命也更長。用灰泥或石膏密封牆壁，則有
助於防止齧齒動物和昆蟲入侵。當然，牆也是宣示所有權的
標誌。當時的人身高比現在要矮得多，1.8 公尺到 3 公尺的
牆也能有效防止入侵者進入。雖然牆本身創造了較溫暖的環
境，但有些牆還有加熱的額外優勢。例如在薩塞克斯的西迪
恩莊園（West Dean Estate），園藝師負責人的小屋靠著一面
牆而建造，爲牆提供一些熱能。此外，牆壁有時用兩層磚建
造，中間留有空間。緩慢燃燒的稻草可以被塞到兩牆之間
點燃加熱。

在整個大不列顛和其他同樣氣候寒冷的國家如荷蘭、比

利時、法國北部，被巨大石牆包圍的花園和果園是常見的景觀。牆壁不僅保護植物免受寒冷北風侵擾，還能在白天吸收太陽的熱能，在夜間釋放。因此，它們可以創造出比周圍環境高出攝氏 10 度的微氣候。這樣的環境條件幾乎可比擬更南部的地中海地區。16 世紀小冰河期期間，瑞士植物學家格斯納（Conrad Gessner）描述了這種牆對無花果和醋栗成熟過程的正面影響。

　　南歐植物的成功種植，激發了人們從遙遠國度進口其他植物的欲望。老約翰・特拉德斯坎特（John Tradescant the Elder, ca. 1570–1638）等園藝師在歐洲和北非冒險旅行，尋找未知或稀有的水果和觀賞植物。在巴巴里海岸（Barbary Coast），即北非柏柏爾人的家園，特拉德斯坎特發現小麝香杏（Petit Muscat）或阿爾及爾白杏（White Algiers）。但特拉德斯坎特最喜愛的似乎是李：《特拉德斯坎特的果園》（*Tradescants' Orchard*）這本書集結許多色彩明亮的水彩畫，被認為是這位偉大園藝師的作品，書中光是李就有二十三種。他特別欣賞它們不同的形狀和顏色——當我們意識到這位大師已喪失嗅覺時，這也就不令人驚訝了。雖然他的書只以手稿形式存在，未曾印刷，卻作為受水果女神波莫娜神話啟發的作品之一而留名青史。

　　1630 年，特拉德斯坎特進入查理一世（King Charles I）

左頁與上圖

石榴和核桃樹，《海明翰草藥與動物寓言集》（*Helmingham Herbal and Bestiary*），16 世紀早期

麾下，成爲薩里郡（Surrey）奧特蘭宮（Oatlands Palace）花園、葡萄園和養蠶場的管理人。他和他的兒子小約翰因爲他們在倫敦南部的珍奇櫃「方舟」（the Ark）而聲名大噪。他們在院子裡栽種了自己的植物發現。父子在世界各地蒐集到的植物標本收藏爲英國第一座公立博物館，即牛津阿什莫林博物館（Ashmolean Museum），打下了基礎。

左頁
一堆梨，諾普（Johann Hermann Knoop, ca. 1706–1769）《果樹學》（*Pomologia*），1760 年

　　一想到蘇格蘭，人們就會聯想到溼冷的天氣和荒野的自然，而不是開花的果園和成熟的水果。不過這個地方也有幾個令人驚喜之處。由於墨西哥灣洋流的影響，西海岸的天氣相對溫和。該地區最早的果園是在 12 世紀由那裡包括道明會或黑衣修士在內的宗教團體種植的，可能類似於中歐的迴廊花園。格拉斯哥附近的佩斯利修道院（Paisley Abbey）成立於 1163 年，根據它的紀錄，該建築群包括一個占地 2.5 公頃的果園。愛丁堡也有一座皇家果園，最早的紀錄是英格蘭人在 1330 年代留下的，但它可能在大衛一世（David I）1124 年至 1153 年統治蘇格蘭期間就已經存在。城堡岩（Castle Rock）的南側與西側由大片花園和果園環繞，它們爲皇宮供應水果和農產品，可能也有商業用途。此地亦有果園砍伐木材的紀錄，顯示它提供的不僅僅是水果。

　　關於蘇格蘭水果種植的最早精確資訊來自 17 世紀晚期，當時第十八代克勞福德伯爵（Earl of Crawford）威廉・林賽（William Lindsay）列出一份清單：二十六種蘋果、四十種梨、三十六種李、二十八種櫻桃，以及各品種的桃、油桃

右圖
世界上最早的果樹學家
之一諾普演示如何修剪
果樹

和杏，還有鵝莓和醋栗。可以肯定的是，桃樹和杏樹在陽光
下需要一堵牆來保護。蘇格蘭最大的果園位於格拉斯哥附近
克萊德河（River Clyde）河畔的漢密爾頓宮（Hamilton Pala-
ce）。一名 1668 年的果園訪客寫下他的印象：

> 這裡的葡萄、桃、杏、李、無花果、核桃、栗、榛果等
> 的產量都和法國任何地方的產量一樣高：棒極了的威廉
> 斯梨⋯⋯。牆壁是用磚頭砌成的，有助於水果成熟。

羅莎琳德・馬歇爾（Rosalind Marshall）在《安妮公爵夫人的生活》（*The Days of Duchess Anne*）一書中，描述了第三代漢密爾頓公爵（Duke of Hamilton）威廉・道格拉斯—漢密爾頓（William Douglas-Hamilton）如何延續祖先開創的水果種植傳統。他雇用的磚匠為新牆燒了數千塊磚，待牆砌好就可以用樹籬整枝的方式讓桃樹、杏樹和櫻桃樹靠著牆生長。他非常成功，以至於在 1682 年，卡蘭德伯爵（Earl of Callendar）急切想知道「公爵大人在離牆多遠的地方植樹」。他在當地採購梨樹和櫻桃樹，並讓人從倫敦送來桃樹和杏樹。他還從南部邊境採購葡萄藤、桑椹和堅果樹。為了取得當時很流行的嫁接樹，他甚至與歐陸取得聯繫，有一次從蘇格蘭博內斯（Bo'ness）派了一艘船去荷蘭購買「五株嫁接杏樹的桃樹、四株嫁接李樹的桃樹，以及兩株杏樹」。

試圖為水果成熟創造出最佳條件的園藝師有時會走錯方向。例如，他們很早就知道黑色的表面最容易吸收熱能。但當他們把桃樹後面的牆壁塗成黑色時，卻讓新芽太早發育，結果溫度一下降，新芽就凍死了。在夏天，同樣的牆有時會熱到把這些嬌嫩的水果烤焦。

在不列顛群島的圍牆花園裡，無花果樹最先是被修整成扇形。然而，約 19 世紀中期，園藝師開始為這些植物建造專門的玻璃溫室。這種方法的優點是每年能夠收穫兩次甚至三次無花果。愛爾蘭阿德吉蘭堡（Ardgillan Castle）的花園裡有一個獨特的建築解決方案：一堵蜿蜒的牆形成了二十個凹

上圖
荷蘭 S—格雷夫蘭（'s-Graveland）的蛇形水果牆，20 世紀早期

室，提供額外的防寒和防風保護。這些凹室最有可能被用來安置特別敏感的油桃樹、桃樹和梨樹。這個想法在大西洋彼岸流行起來：湯瑪斯・傑佛遜（Thomas Jefferson）非常喜歡這個想法，於是在他於維吉尼亞州夏綠蒂鎮（Charlotte）成立的維吉尼亞大學打造了類似的蛇形或「皺褶曲柄」牆（crinkle-crankle wall，又名波浪牆）。這些波浪牆將大學大草坪上十個亭子周圍的花園給分開了。

雖然有些類型的水果特別適合圍牆花園，但各種考量因素都會影響到圍牆花園裡種植的植物。在約克附近納寧頓莊園（Nunnington Hall）周圍地區，果園主專注於可以長期存放的蘋果，因此適合供應英國航海船所需。這些品種包括

「狗鼻子」（Dog's Snout，形狀類似梌桲，確實很像狗的鼻子）、「鬥雞場」（Cockpit）和「毛刺結」（Burr Knot）等。

　　法國北部也有圍牆果園，許多留存至今。這類果園在巴黎東緣的蒙特勒伊（Montreuil-sous-Bois）特別常見，該地以桃聞名。1870 年代是桃種植的高峰期，當時有超過 600 公里的圍牆在該地區縱橫交錯。這些屏障必然影響生活各個層面。不難想像，孩子們大概會在這類障礙賽道攀爬穿梭。對外人來說，由此產生的迷宮幾乎無法穿越。普魯士人在 1870年占領巴黎時，普魯士軍隊據說特地兜了一大圈繞過蒙特勒伊，沒有冒著迷路風險進入。雖然這些牆壁不再發揮最初的功能，事實證明，它們對城市化的壓力有驚人的抵抗力。有些牆至今屹立不搖，構成了景觀，也標示著財產的邊界。

下圖
巴黎附近蒙特勒伊的水果牆，20 世紀早期

― 9 ―

群眾的果園

從過去時代倖存下來的果園，無論是以實體形式或至少以書面文件紀錄，都是屬於國王和王后、貴族階層和宗教團體的果園。然而，儘管這些莊園令人印象深刻，它們卻無法代表爲大多數人提供水果的典型果園。早在中世紀，歐洲中部的許多村莊和城鎮就受到果園網絡所環繞。在許多情況下，這些果園是蔬果園的一部分，或是位於菜園附近。馬鈴薯、蕪菁、玉米或草等作物在樹蔭下生長，農作物和水果都是在秋天手工摘探。

在過去，定居點附近的果園和周圍森林之間的界線往往是不固定的。人們前往森林採集水果和堅果，但他們也將森林當作砧木的來源，用這些砧木來嫁接人工栽培樹木的接穗，這些接穗的產量比野生樹木更高。18世紀巴黎周圍地區的資料提供了一些例子。野生櫻桃樹被收集起來，當作栽培

櫻桃的砧木。榛樹、野生蘋果樹和梨樹也可以作爲砧木。生長在森林中的醋栗灌木可以直接移植，不需要嫁接。由於森林通常比栽培果園和花園來得乾燥，來自森林的砧木（或移植的灌木）往往需要一些時間才能適應新環境。

——
前頁
麥克貝斯（Robert Wa-
lker Macbeth）《蘋果
園》（*The Cider Orch-
ard*），1890 年

同樣很重要的是，核桃樹和栗樹通常是在古羅馬統治時期種植的，在沒有任何人爲干預的情況下，它們逐漸野化繁殖，成爲更廣闊景觀的樹籬和森林的一部分。森林不僅是水果、堅果和砧木的來源，也是運輸水果時所使用包裝材料的來源，尤其是嬌貴的櫻桃。栗樹葉爲珍貴的貨物提供緩衝，避免在運往市場的途中因爲碰撞和顛簸而損傷。在不列顚，蕨類植物被用來保護易受損傷的水果，如夏梨。稱爲「maund」的水果籃（這個名稱是蒙兀兒帝國和鄂圖曼帝國所使用度量單位的英文拼寫）鋪上柔軟的樹葉。包裝梨的時候讓蒂頭朝外，可以確保相鄰的梨不致被戳出洞來。

18 世紀下半葉，有些地方的居民收集了大量橡樹、榛樹和栗樹的葉子，以至於政府當局不得不立法加以約束。這些人繼續採集野果和堅果，包括榛果和栗。

所有這些散布於鄉野的果樹和堅果樹在物理、象徵與美學方面定義了景觀，成爲景觀特徵的重要組成。它們從根本上改變了環境，爲周圍環境增添深度和美感。只要想想這些樹能長多高就可以理解：蘋果樹可以長到 10 公尺，梨樹可以長到 15 公尺，櫻桃樹可以長到 20 公尺。很多樹木都能活上人類好幾個世代的時間，經久不衰，特別是產堅果的樹種。它們很容易就能活上一百年，有些甚至可以活上五百年——前

上圖

一名帶著蘋果、李、
梨、桃和歐楂的德國水
果販,約1840年

提是沒有因為具有美麗紋理的珍貴木材而被砍伐。

　　先前提到過的孟梭,他的寫作主題通常是關於高度栽培
和引導生長的樹籬整枝。但在1768年的一篇論述中,他甚至
寫道:「自由生長的樹木所結出的果子優於所有其他樹木。」
在園藝師認為對稱的樹籬整枝較有吸引力的時期,這樣一位
知名專家的說法肯定有助於自然生長樹木的形象。孟梭的讚
美還不止於此:

如果需要一般的形式，對這種樹只需要去除枯木和少數
枝條即可……在大自然的呵護和引導下，它會朝四面八
方伸展枝條和根。它的樹液強勁又豐富地流向最外面的
末端，讓小樹枝變得更堅挺，也幫助它增長，這對樹木
的生長和活力至關重要。

　　果樹種植的重要性也在法國和英國以外的地方受到認
可。在歐洲的德語區，最高當局鼓勵在果樹種植方面取得進
展。此地區關於水果品種的最早書面紀錄是前面曾提到由法
蘭克國王查理曼親自頒布的《莊園法典》。《莊園法典》是
中世紀第一部規範土地使用和農業的法律，其目的之一，在

於確保整個王國能有充足的水果供應。行政官員意識到水果
對防止饑荒的好處，希望能做好準備。這部法典中提出的建
議涉及十六種樹木，大多爲果樹。鼓勵水果種植的作法，在
查理曼之後仍然持續很長一段時間。例如，根據16世紀的一
項法律，每對夫婦都必須種植和照顧六棵果樹，否則就不允
許結婚。種植果樹的另一個好處是水果可以加工成飲料。原
始或不存在的衛生設施與製革和製鉛等活動，使得飲用水的
汙染越來越嚴重，人們認爲髒水會引發瘟疫。無怪乎對果
汁、啤酒和葡萄酒的需求增加。

德語區果農就像他們的法國和英國同行一樣，也從森林
獲取資源。（「德語區居民」泛指生活在許多國家和地區的
人民，他們說德語，具有大致相似的「德國」文化——德國
作爲政體一直到1871年才存在。）例如在1567年的一項法
令中，符騰堡公爵（Duke of Württemberg）克里斯多福（Chri-
stoph）允許他的臣民挖掘野生的幼齡果樹。因此，野生果
樹似乎在景觀中隨處可見，是嫁接樹的替代品，而嫁接樹之
所以不那麼普遍，是因爲商業苗圃無法提供足夠的數量，或
是嫁接樹的價格過於昂貴，大多數人買不起。

普魯士國王腓特烈大帝（Frederick the Great）在1740年
登基後不久，就通知他的省級政府：「在可行的狀況下應鼓
勵全國各地種植果樹。」這是他對三十年戰爭（1618–1648）
使歐洲中部許多果園遭到破壞的事實所做出的回應。同時，
他也想確保他的士兵在領土上進行調動演習時，能夠獲得水
果供應。（當然，在隨後的歲月裡，每當農村某處的果樹被

左頁
巴伐利亞的班貝格鎮
（Bamberg）坐落於葡
萄園和果園構成的景觀
中，1837年

取代，包括旅行者在內的其他許多人也從中受益。）

　　然而，王室的這些努力顯然沒有腓特烈大帝所希望的那麼有效──僅僅三年後，腓特烈大帝又頒布另一項法令：

左頁

在老亨德里克・范・巴倫（Hendrik van Balen the Elder, 1575?–1632）和老揚・布勒哲爾（Jan Brueghel the Elder, 1568–1625）繪製的這幅畫作中，森林與果園之間的界線模糊不清

> 根據土地和稅收管理人的判斷，每六十棵可種而不種的果樹、柳樹、椴樹等，對城鎮和省分應予以罰款。

　　這並非腓特烈大帝最後一次威脅要做出這樣的懲罰。年復一年，他要求提供新果樹和已死亡果樹的確切資訊。但這還不夠。1752年，七年戰爭爆發前幾年，這位國王下令：

> 所有村莊都應建立良好的公共苗圃，並聘請一位具有樹木栽培知識的能人，也讓他指導居民……每個農民每年至少要種植十棵幼齡果樹。多餘的水果必須烘烤處理，並賣給鎮民。

　　國王關於烘烤水果的指示並不是指蛋糕或餡餅，而是為了保存水果而將之烘乾的過程。大型果園附近經常可以看到用於此一目的的烘烤坊，這並非巧合。在（德國中部）圖林根邦特雷富特鎮（Treffurt, Thuringia），水果生意成了當地經濟的支柱。隨著水果產量增加，該鎮周圍的乾燥窯也越來越多，在這些地方，櫻桃、李、梨和蘋果被轉化成可銷售且可久放的產品；每到秋天，這些乾燥窯就會熱鬧起來，周圍瀰漫令人愉悅的水果香。在乾燥過程中，水果被切成小塊，

最終產品通常搭配豬油或糕點一起食用。

　　然而，種植水果的官方命令並不總是能達到預期的效果，有些時候甚至沒有被認真對待。1765 年，一份來自西利西亞（Silesia，今波蘭的一部分）的報告抱怨說，檢查員視察時，「人們只是將棍子或棒子插在土裡」製造出那裡有幼樹生長的錯覺。

　　此外，苗圃經營者往往不被信任。品質標準在那個時期是不存在的，而且這種情形一直到 19 世紀才改善。嫁接植株的買主總是要做好準備，以防他們購買的植株要麼不能正常生長，要麼長出不同於預期的水果。所有不同品種使用的名稱並不一致，更是造成不少混亂。

　　19 世紀開始前不久，位於斯圖加特的索利圖德宮（Solitude Palace）公爵苗圃每年售出十萬株植物，令人印象深刻。這個苗圃由原為理髮師的約翰‧卡斯珀‧席勒（Johann Caspar Schiller）經營。他的兒子是著名詩人弗里德里希‧席勒（Friedrich Schiller），而約翰本身也是作家。他的著作《大規模樹木栽植》（*Die Baumzucht im Großen*）包含一些有用的清單，如「適合當作行道樹的樹木」和「生長迅速且強壯的樹木」。這些主題迎合 19 世紀早期的發展，在那個時期，人們種了許多高大的果樹，這是前所未有的情形，尤其是在歐洲西南部的德語區。因此，果樹環繞著城鎮和村莊，矗立在街道兩旁，也在牧場和農田中占據了位置，有時甚至出現在馬鈴薯田和其他「田裡的水果」中間。不適合種植農作物的坡地尤其會被拿來種植果樹。除了果樹之外，這個時期也種

植許多堅果樹：堅果樹的木材和油都有其需求。

　　有位霍普夫教授（Professor Hopf）在 1797 年穿越斯圖加特南方的埃姆斯河（Erms river）河谷，記錄了在那裡遇到的「果樹森林」。根據他的描述，這片森林蔓延數英里，「收穫的水果被製成蘋果酒、果乾或白蘭地」。當時的俗諺正好表達了人們對附近樹木的依賴程度：「在你看到的每個地方種一棵樹，並保持它健康，你會受益的！」

　　高大的果樹不僅增添了景觀的多樣性，也會帶來真正的生態效益。身為園藝先驅的約翰・卡斯珀・席勒非常清楚這一點：

上圖
一車車的水果抵達斯圖加特火車站，1899 年

那些種植樹木的人能從樹木獲得令人愉快的另一份營養。樹木可以裝飾鄉村，淨化空氣，提供保護和遮蔭，最棒的是還能滿足人和動物在生活上的需求、樂趣和舒適性。

到了 18 世紀，水果種植在英格蘭南部和德國西南部等地區特別普遍，這肯定不是巧合──這些都是直接可以追溯到羅馬占領時期的地區。18 世紀和 19 世紀，大型果園在這些地區已經融入景觀之中，在氣候適宜的地區尤其如此。阿爾薩斯（Alsace）是弗日山脈和萊茵河之間的著名葡萄酒產區，現在是法國的一部分，1908 年來自該地的一份報告讓我們了解這個地區的情況：

左頁
大家都有蘋果，德國，
19 世紀晚期

> 一般來說，果園位於村莊周圍，或在葡萄藤覆蓋的山坡上較為平坦的部分，為這個地方的外觀增添了迷人的色彩。這些「果園」通常被分割成非常小的地塊，自古以來就存在，而且在早前幾個世紀甚至比現在還多。

19 世紀，葡萄根瘤蚜（grape phylloxera）這種與蚜蟲密切相關的破壞性昆蟲從美國搭著順風車進入歐洲，在歐洲的葡萄酒產區毀掉大片大片的葡萄園，果樹種植也因此又被推了一把。在許多地方，當葡萄園消失後，人們就會種上果樹取而代之。

鄉下的果樹，無論是森林中的野生果樹或村民種植的果

上圖
英國印象派畫家西斯萊
（Alfred Sisley）的畫作
呈現出 1875 年巴黎西部
塞納河附近的大片果園

樹，對另一群人也非常重要：這裡指的是發展中城市的居民。不幸的是，當他們離家夠遠，他們很容易就會認爲那些規範不再適用，自己可以隨心所欲地享用樹上的果實。英國歷史學家科布（Richard Cobb）提到巴黎周圍地區無法無天的情形。「至少可以說，黃昏或夜間在任何一條公路上行走或騎馬是非常危險的。」他如此解釋道：「黃昏時分，路人可能會遭遇一列列默默移動的黑影，他們因爲背上沉重的樹幹和堆疊的木材而彎著腰，準備要回家。」

科布描述的是非法砍伐樹木作爲木柴的人們，但盜採水果和蘑菇的竊賊同樣很常見。在秋天，人們走投無路時往往會去摘採森林裡的堅果和黑莓，戰爭時期尤其如此。對農村

社區來說，這些被飢餓和寒冷驅使的陌生人是入侵者，他們
破壞了莊稼，讓大門敞開，使農民面臨失去動物的風險。然
而，有時這些人也會發現自己來到沒有柵欄或樹籬的無主
之地。從這個角度來看，他們只是藉由可利用的自由，在沒
有權威的情況下獲利──當然還有他們所能找到的任何木
材、水果和菇菌。用詩句來描述，一切聽起來相當浪漫，如
1820 年的《牧羊人的日曆》（*The Shepherd's Calendar*）。（作
者克萊爾〔 John Clare 〕住在英國芬蘭茲地區赫普斯頓村
〔 Helpston, Fens 〕。）它是這樣寫的：

> 孤獨的男孩們放聲痛哭，
> 歡天喜地走向他們夢中的樂事，
> 他們的遐想縈繞著樹籬，
> 念念不忘樹上閃耀的野果。

在另一處，克萊爾寫道：

> 飢腸轆轆的男孩們在森林裡修整；
> 他們焦慮的雙腳踩過長長的枯草，
> 被攪動的樹枝拍打著頭頂，
> 尋找黑莓多汁甘甜的深色果實，
> 或爬上去摘採褐色的成熟唐棣漿果。

果樹對周遭環境產生的正面影響不僅僅是提供食物、遮

蔭和吸引人的景觀。我們現在知道，草地上的樹木可以抑制蒸發，增加土壤中的水分，進而形成類似於森林的微氣候。在這些條件下，樹下成了極受小動物和植物歡迎的家。許多鳥類在樹下找到食物，也可以在樹洞和樹枝上築巢。如果農民整理草地時仔細些，或是不要施予太多照護，像蘭花這樣稀有的植物也可能在這裡出現。

此外，樹根可以固定土壤，抵抗侵蝕——這在經常用來種植果樹的山坡上尤其有用。果樹或其他落葉樹適合種在房屋旁邊，因爲它們在夏季能提供陰涼，而到了冬季，光禿禿的樹枝也不會遮擋人們渴求的光線。樹木還能減少天氣帶來的損害：黑森林地區著名的四坡屋頂房屋通常有一排「房樹」作爲保護，這些房樹常是核桃樹，可以遮擋盛行風。幾個世紀來，宅地和野生或栽培的果林，通常是並存的。

傳統果樹栽植多節瘤的樹木仍然可見，但大多數因爲現代功利主義的需求而被砍伐殆盡。曾經生長在道路和小徑兩旁的一排排果樹，已經成爲交通安全標準的受害者：汽車撞上一棵樹往往會造成致命的後果。

法國南部多爾多涅河谷（Dordogne Valley）有個名叫佩里哥（Périgord）的地區，這裡的整片景觀廣泛分布著橡樹、栗樹和核桃樹，已有數世紀之久。長久以來，堅果一直是佩里哥地區的名產。從前這裡的樹更多，而且多到居民聲稱松鼠只要接連著從一棵樹跳到另一棵樹，就能穿越整個佩里哥地區。穿過這個地區的佩里哥堅果之路（Route de la Noix du Périgord），就證明從中世紀到文藝復興時期，堅果被當作

貨幣使用，可用於償清債務到支付關稅等目的。人們用長杆敲打樹枝來收成堅果。據稱，村裡還迴盪著小鐵錘砸開堅果殼的聲音。

剩下的堅果農面臨著來自美國加州、中國、伊朗和智利的巨大競爭。讓事業維持下去需要創造性：他們用堅果餵食鴨子和鵝，讓牠們的肝臟變得肥厚，可以用於肥肝醬；他們把堅果蒸餾成核桃酒或提取核桃油。堅果被用於麵包烘焙，加工成甜味抹醬，或是用來搗醬或做成香腸。如果運氣好的話，你可能會在農場裡找到古老的油坊，它被玫瑰花叢環繞，點綴著浪漫的風景。油坊的木輪由水力驅動，堅果殼在液壓錘下爆裂，堅果仁在炙熱烤箱中烘乾。製作 1 公升的堅果油需要超過 6 公斤堅果。

上圖
歐洲許多地方都有核桃園，正如丹麥畫家斯科夫高（Joakim Skovgaard）在 1883 年的描繪

— 10 —

摘櫻桃

櫻桃象徵天堂般的永恆春天，也象徵情慾的誘惑。除了櫻桃之外，還有什麼其他水果看起來像是為了接吻而噘起的嘴唇？更不用說它美妙的香氣和滋味。櫻桃長久以來一直是人們渴望的對象，也就毫不令人意外。

在普林尼的時代，許多櫻桃品種就已經被培育出來了。雖然我們無法確切知道它們是什麼樣子，滋味是酸是甜，但有些令人回味的名稱卻流傳了下來。據說，阿普里奧尼亞櫻桃（Aprionian）顏色最紅，露塔奇亞櫻桃（Lutatian）顏色最深。昔西利亞櫻桃（Caecilian）特別圓，朱尼亞櫻桃（Junian）從樹上直接摘下來吃味道最好。然而，其中最棒的是著名的晚熟杜拉西納櫻桃（Duracina），以其色深、多汁且肉質相對較硬的口感而聞名。在近代，它還被稱為「心櫻桃」（heart-cherry）。塔琴托杜拉西納櫻桃（Tarcento Duracina）

是晚熟杜拉西納櫻桃的變種，19 世紀時廣受歡迎，目前在義大利東北部烏迪內（Udine）一帶仍然偶可發現。

前頁
德國華爾滋舞曲「鄰家
花園裡的櫻桃」（Cherries in the Neighbor's Garden）樂譜封面插畫，19 世紀晚期

右頁
櫻桃有各種各樣的顏色和甜度，19 世紀晚期

然而，這種人工培育的櫻桃並非羅馬的原生植物，它們抵達羅馬的故事帶著一抹傳奇的色彩。公元前 70 年，古羅馬將軍盧庫魯斯（Licinius Lucullus）從密特里達提六世（Mithridates VI）手中征服了黑海周圍的土地，包括一個被古羅馬人稱為奇拉索斯（Cerasus）的城市（今土耳其東北部的吉雷松〔 Giresun 〕）。古羅馬人以當地生產的珍貴櫻桃為之命名（櫻桃的拉丁文為 cerasia）。據稱，盧庫魯斯在羅馬舉行凱旋遊行慶祝勝利時，櫻桃樹是展示的戰利品之一。之後，盧庫魯斯將櫻桃樹種在自己的花園裡，櫻桃樹也在那裡結出果實。櫻桃往往出現在盛宴的高潮，也被曬乾或保存在蜂蜜裡。櫻桃汁也是果酒的基底。

18 世紀，櫻桃在波茨坦的普魯士統治者宮廷有特殊地位。皇家花園常種植大量櫻桃樹，也有圍繞櫻桃發展出來的完整文化。腓特烈大帝對櫻桃有近乎性慾的熱情。1737 年，這個二十五歲的年輕人在寫給友人的信中傾訴自己的渴望：

25 日，我將前往阿摩笛亞（Amalthea），我在魯平（Ruppin）的珍貴花園，我迫不及待地想要再看看我的葡萄園、我的櫻桃和我的甜瓜。

國王花園的種植工作旨在確保能盡量延長新鮮櫻桃的供應時期。因此，早熟和晚熟的品種都有需求。「促進發育」

的作法也發揮了作用：樹木被種植在面南的牆壁旁，那裡的陽光（如果在短暫的冬季中有太陽的話）特別強。這些牆壁前面會依一定角度安上玻璃板，增強陽光照射，幫助樹木在夜間維持溫度不至於下降。在國王的命令下，波茨坦城牆西邊的果菜園也種滿了櫻桃樹──共三百二十八棵，還有一個長度 80 公尺的溫室培育幼苗。促進櫻桃發育的作法在特製「櫻桃箱」出現時達到高峰，這是專門用於小型植株的形式，以馬糞保溫。雖然看起來不太可能，但據說早在 12 月和 1 月就能收穫少量櫻桃，而且國王會以每顆 2 塔勒（thaler，歐洲從 16 世紀開始使用的銀幣）的高貴價格出售。櫻桃樹有五種規格：標準型、半矮型、矮型、金字塔型和樹籬整枝型。當時甚至發展出作為樹籬的特殊品種。

1758 年柏林宮殿和皇家宮廷藥房的清單顯示，國王的櫻桃除了新鮮食用，還製成櫻桃薰衣草水、黑櫻桃白蘭地、酸櫻桃糖漿（含金盞花和不含金盞花），以及酸櫻桃果醬。1764 年，同時代的人譽為「德國莎芙」的詩人安娜‧露易莎‧卡爾施（Anna Louisa Karsch）寫下

下圖
一對夫婦伸手摘櫻桃的情景，德國，1616 年

《黑櫻桃讚》（*In Praise of Black Cherries*）來讚頌：

> 許多吟遊詩人高唱著他們的歌
> 讚美葡萄藤上結實纍纍的寶石
> 那為什麼沒有人來
> 歌頌櫻桃之美？
>
> 這種紅寶石曾經遍布各地
> 在伊甸園的可愛枝枒上成熟
> 讓米爾頓詩中的美麗女主角
> 陷入巨大的誘惑。
> ……
> 乾杯！我舉杯三次！
> 讚美玫瑰已是慣例。
> 詩人們，何不拾起你們的韻律
> 讚美櫻桃的黑！

　　在中歐的民間傳說中，櫻花樹通常與月亮有關。滿月時冒險到櫻花樹下的人可能遇上不懷好意的精靈。即使是偷偷觀察精靈和小妖精在月光照耀的櫻花下跳舞，也危險重重。

　　成熟的櫻桃必須立即食用或加工。它們總是讓摘採者身陷誘惑。「籃子裡兩個嘴裡一個」是典型的經驗法則。不小心吃太多的人往往得付出胃痛的代價。櫻桃成熟時，不僅要齊心協力快速採下，也得趕快送到市場。馬車在收穫的當晚

出發前往鎮上，連夜趕路。雖然櫻桃非常受歡迎，自然生長的櫻桃樹並不總是受喜愛，因為它們可以長到 20 公尺高，採摘者需要善於攀爬，才能在果實爛在樹枝上之前採下。

在英格蘭，肯特郡已成為櫻桃的代名詞。該地區的櫻桃傳統起源於亨利八世統治時期，他下令在錫廷伯恩（Sittingbourne）闢出一個果園。現在，欣賞這些樹木的最佳地點之一（尤其春季盛開之際）是位於肯特郡布羅格代爾（Brogdale）的國家水果收藏中心（National Fruit Collection）。該中心有世界上規模最大的水果收藏，兩百八十五種櫻桃樹和數百種其他樹木，包括蘋果、梨、李、醋栗、榲桲和歐楂。

然而，肯特郡並不是唯一一個盛產美味櫻桃的地方。位於德國、奧地利與瑞士交界處的康士坦茲湖周圍地區也是果樹的天堂，其果樹種植傳統可以回溯到好幾個世代以前。在德國拉芬斯堡（Ravensburg）這個寧靜的小城附近，阿內格（Joachim Arnegger）經營著一個占地 3 公頃的櫻桃果園。然而，儘管該地區的條件很好，他仍然面臨著挑戰：櫻桃的花期只有兩到三週，而這段時間的氣溫通常仍然很低，足以阻止蜜蜂從溫暖的蜂巢中出來。

為了確保豐收，阿內格從鄰近的瑞士引進了角額壁蜂（hornfaced mason bee），為果園授粉。這些他口中的「臨時工」以五百隻為一組，裝在巢箱中。對果農來說，角額壁蜂顯然有些優於其近親蜜蜂的好處。首先，牠們對天氣比較不挑剔，只要溫度上升到攝氏 5 度左右，牠們就會出來工作。一點小雨並不會阻擋牠們的工作意願，而且牠們是徹頭徹尾

上圖
從灌木叢中採水果，19
世紀晚期

的工作狂：效率可以是蜜蜂的三百倍。這種堅韌性情是因為
演化程序設計驅使牠們在短短四週內繁殖和養育後代。角額
壁蜂的另一個優點是比蜜蜂更頻繁地從一朵花換到另一朵
花上，帶來果樹基因庫中的更多混合。更重要的是，牠們對
鄰近油菜花田裡散發芳香的黃花根本不感興趣，全心守著果
樹。每到秋天，農民將巢箱送還給它們的主人。裡面的幼蜂
經過特殊處理以殺死蟎蟲和真菌，儲存在冰箱裡過冬。

　　租用角額壁蜂雖然昂貴，但這個過程對阿內格來說是值
得的。在角額壁蜂的幫助下，阿內格的果園在時節好的時候
可以生產22公噸櫻桃。他完全靠自己的力量銷售這些紅色的
收成，甚至不需要合作社的支持。如果仔細觀察他的果園，
會注意到有異株蕁麻和其他各種雜草沿著果園邊界生長。枯
枝躺在它們掉落的地方，成為甲蟲和其他生物的家。雖然阿

內格並不符合「有機」農民的典型描述，但在他的農場裡有
許多證據顯示，他了解自然系統中的相互關聯。而且，使用
高度活躍的角額壁蜂為果園授粉的想法逐漸流行。在日本，
越來越多農民轉向這些勤勞的昆蟲尋求協助。牠們的幫助是
迫切需要的：入侵的蟎蟲已重挫日本境內的蜜蜂族群。在鄰
近的中國，許多昆蟲消失，果樹必須倚賴人工授粉。

下圖
一本土耳其雜誌的封面
插圖，約 1925 年

當然，在日本，未授粉的櫻花樹不僅僅是烹飪災難。小巧精緻的櫻花是日本文化最重要的象徵之一，櫻花祭更是一年當中的亮點。這種樂趣是短暫的——大多數櫻花的花期很短——但也正因如此，予人的印象更加強烈。「花見」（賞櫻）是很受歡迎的活動，朋友、家人或同事藉此聚會賞景。櫻花季的時間因地而異，花期最早從 1 月分在南部溫暖的亞熱帶島嶼沖繩開始，接下來幾個月逐漸往北推進。

受到櫻桃樹美味果實誘惑的不只有人類：這些散發光澤的小紅球對所有鳥類都是強大的誘惑。對一些園藝師來說，這些有翅膀的客人只不過是有害的動物，但也有人在櫻桃盛宴上享受著這些有羽毛的朋友帶來的音樂和歡快氣氛。英國作家艾迪生（Joseph Addison）在 1712 年為《旁觀者》週刊（*Spectator*）撰寫的文章中生動地描述了這種經歷的樂趣：

> 我這個人還有個比較特別的地方，或者如我的鄰居所說，很古怪之處：由於我的花園吸引了這地區的所有鳥類，為牠們提供便利的泉水與陰涼、孤獨與庇護，我無法忍受任何人在春天破壞牠們的巢，或是在果樹結果時節將牠們從平時的棲地趕走。我珍視我的花園，因為花園裡滿是畫眉，而不是因為櫻桃，坦白說，給牠們水果是為了換取牠們的歌聲。如此一來，我總是能享受這個季節最完美的音樂，也樂於在散步時看到松鴉或鶇鳥跳來跳去，在我經過的林間空地和小徑中飛來飛去。

— 11 —

噢！好酸

長久以來，義大利一直是柑橘園的代名詞。但這個國家如何取得這樣的地位呢？檸檬樹很早就在波斯種植，據傳，亞歷山大大帝在公元前 300 年左右將檸檬樹帶了回來。一百年後，希臘定居者將它們帶到巴勒斯坦。不久，它們也傳到義大利，但這些樹被入侵者摧毀，唯有在科西嘉、薩丁尼亞和西西里等大型島嶼上的倖存下來。它們的進一步傳播是因為阿拉伯人將檸檬樹和橙樹帶到伊比利半島南部的安達魯西亞，他們同時也帶了橄欖樹和釀酒葡萄，儘管《古蘭經》禁止飲酒。

> 你知不知道那片檸檬樹生長的地方，
> 漆黑的樹葉中閃爍著金橙色光芒，
> 微風從純淨的藍天吹來，

桃金孃靜靜地站著，月桂樹高聳挺立？
你對它很熟悉嗎？
那就是我要去的地方，
和你在一起，啊，我心愛的人！

　　人們很容易以爲德國詩人歌德是受到他的義大利傳奇之
旅影響而寫下這些名句，但事實上，他是在前往義大利的三
年前寫作了這首詩，而且還是在威瑪這個一點都不義大利的
小鎮寫下的。威瑪附近的美景宮（Belvedere Palace）有一座
巴洛克式的橘園，內有兩座涼亭和一個封閉的庭院。溫室裡
的花盆種著芳香的檸檬樹和橙樹，如此一來，夏天就可以把
花盆搬去室外。

　　儘管難以與義大利的大片柑橘園相比，歐洲許多地方仍
精心種植了一些柑橘樹，宮殿和其他貴族住宅尤其如此。它
們爲那些有幸在那裡度過時光的人們帶來幻想。盧梭（Jean-
Jacques Rousseau）曾在巴黎往北約 50 公里的蒙特莫朗西小城
堡（Petit Château）待過，那段時間創作豐富，顯然對那裡有
著美好的回憶：

　　在這深刻且妙趣無窮的孤獨中，在樹林深處，各種鳥的
　　歌唱與橙花的芬芳裡，我在一種連續不斷的狂喜中寫作
　　了《愛彌兒》的第五卷，這本書的色彩很大程度上歸功
　　於我從居住地得到的鮮活印象。

前頁
地中海一景，約 1895
年

當然，前面提到的拉昆提涅也曾寫下他對栽種橙樹的想
法——有關橘園園藝師專長的想法。這位園藝大師是這麼讚
揚這些植物的：

下圖
義大利博物學家阿爾德
羅萬迪（Ulisse Aldro-
vandi, 1522–1605）觀
察到不同形狀的檸檬

在整座花園裡，沒有其他植物或樹木能在這麼長的時間
內提供這樣的樂趣。一年之中，橙樹每一天都為其愛
好者提供能讓人感到愉悅的東西，無論是它們的可愛綠
葉，特有形狀的優雅，豐富芬芳的花朵，或果實的美

麗、質感和長期供應等。我承認，不會有人比我更喜歡
這一切了。

這本七十二頁的小冊子寫滿精確的指示。例如，樹冠的
形狀應類似於「剛閉合的蘑菇或無邊便帽的形狀」，而且樹
冠應該要飽滿，「內部不應雜亂無章」。實現「完美的橙樹
之美」還要求「它沒有各種難聞的氣味、灰塵與蚜蟲和螞蟻
等昆蟲侵擾」。

那麼，橙樹到底該怎麼配植呢？

如果溫室空間夠大，可以容納兩排橙樹，以能展現品味
和各種對稱形式的方式擺放，就可以如此配置，並在中
間留出一條路，這樣一來，就能邊走邊欣賞這些室內果
樹的美。

左頁
德文園藝期刊的柑橘
圖，19世紀早期

拉昆提涅的思考方式，幾乎是18世紀所有法國園藝書籍
的藍本。

可以同時開花和結果的檸檬樹，成了地中海地區的象
徵，儘管這種植物起源於其他地方。歌德有沒有問過自己，
是誰把他讚美的檸檬樹帶進了義大利？據推測，他知道這些
樹是阿拉伯人帶到地中海地區的。從巴格達商人伊本‧霍卡
爾（Ibn Hawqal）的記述中，我們知道在10世紀時，巴勒莫
（Palermo）附近就有一些像美索不達米亞地區那樣設有灌溉
渠的花園。當時，那裡種植的植物已包括橙樹和檸檬樹。

正如我們今天所知，柑橘類植物最早出現在與義大利距離遙遠的東方。其中一個證據是一千兩百年前中國詩人杜甫筆下「秋日野亭千橘香」的觀察紀錄。他在另一首詩中曾提到「吟橘頌」，表示橙樹應該留在故土，不能種在外面。當然，顯然有人打破了規矩，現在橙已經傳播到世界各地的熱帶和亞熱帶地區。

在關於義大利柑橘種植的精采著作《行走的檸檬》（*The Land Where Lemons Grow*）中，海倫娜・阿特利（Helena Attlee）解釋爲何很難準確界定甜橙最早抵達歐洲的時間。我們的味覺是主觀的，而且那個時期也不可能測量水果的酸度和糖度。儘管如此，一般的共識是海員在 16 世紀中期將甜橙從中國帶到葡萄牙。在那之前，歐洲人只知道苦橙。

最早關於水果研究——後來稱爲「果樹學」——的書籍也來自中國，這並非偶然。這些著作出自韓彥直之手，當時韓氏爲浙江省溫州知府。他的《橘錄》（1178 年）提供有關繁殖和嫁接泥山柑的大量建議，今日學者認爲泥山柑是橘。我們對部分資訊應持保留態度：例如，韓彥直曾說，如果採柑者在採果當天喝了酒，那麼採下來的柑很快就會變質。儘管如此，他對柑橘使用方式的描述確實有啟發性。他描述了用於衣物的柑橘香、餐食中的柑橘調味料，以及用蜂蜜保存的柑橘。柑橘果皮裡的精油受商人珍視，也用於各種藥物。有一個品種的花被加工成粉末，燃燒後可以釋放出柑橘香氣。當時關於這種香氣的記述表示，香氣濃郁到會令人產生錯覺——至少在嗅覺層面上——讓人覺得自己確實坐在橘樹

右頁
中國清代畫家冷枚《春夜宴桃李園》，約 1700 年

下。橘在中國古代非常重要，以至於朝廷裡有橘官的職位，
負責確保水果充足供應。

接下來幾個世紀，中國出現大量以園林為主題的繪畫和
書法作品，也流傳了下來。這些作品描繪的往往是想像中的
景觀，呈現出精緻的細節。然而，儘管我做了許多研究，卻
沒有發現太多明確描繪果園的作品。此外，當果樹確實出現
時，也無法辨識出它們的種類。

這些挑戰的一個例子來自 1600 年左右的時期，即中國古
典園林的黃金時代。長江下游的江南曾有數百座大大小小的
園林，包括位於武進城北的止園。1627 年，以山水畫和地形
畫聞名的畫家張宏畫下一系列描繪止園的作品，其中第十四
開（共二十開）描繪「梨雲樓」，一座有著優雅四坡頂和露
台的大亭子，人們可在露台上俯瞰池塘，也可賞月。

令人驚訝的是，圍繞在亭子周圍的不是梨樹，而是盛開
的李樹。據說那裡種了七百棵李樹。另一幅圖描繪橘樹與木
蘭、柏樹和其他植物交雜的景象。不同種類的樹木之間的區
別，就畫作而言並不清楚：相關資訊來自園主吳亮的附文。
欣賞張宏的作品時，我們可以想像花朵散發的甜美香氣飄過
整座止園，讓遊客感到放鬆。

我們到處都可以找到中國柑橘文化的痕跡。明朝末年胡
正言（ca. 1584–1674）十竹齋的作品集中有一系列水果木刻，
包括一種特色十足的枸櫞變種，稱為佛手柑（*Citrus medica*
var. *Sarcodactylus*）。這種水果會長成一簇非常不規則的手指
狀，在遠東地區長久以來一直很受歡迎，特別是因為它香氣

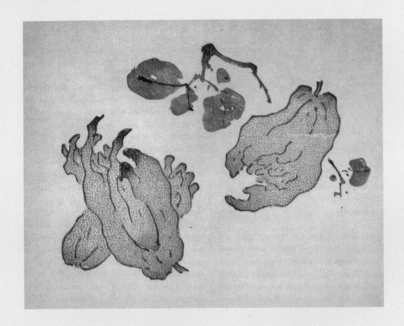

——
左圖
十竹齋作品集佛手柑，
中國，約 1633 年

宜人。

關於柑橘類水果的起源，我們還能找到其他線索嗎？17
世紀的印度統治者蒙兀兒帝國皇帝賈漢吉爾（Jahangir）在
他的回憶錄中，對來自孟加拉的一批橙表現出極大的熱情：

雖然那個地方與我們有 1000 科斯（kos，古印度距離單
位，1 科斯約 3000 公尺）的距離，它們運到時大部分都
挺新鮮的。由於這種水果口感鮮美討喜，走私者透過郵
寄帶來盡可能滿足私人消費的數量，並親自遞送。我真
不知說什麼才能表達我對真主的感謝。

到目前爲止，還沒有發現在野外生長的橙。一種假設是，它們是由橘與柚雜交而來。無論如何，許多人曾經爲了橙的起源之謎絞盡腦汁。植物學家博納維亞（Emanuel Bonavia）的經歷可以說明他們面臨的一些難題。博納維亞造訪了位於德里的果園，期能更加了解「椪柑」這種柑橘類。但他抵達時，對自己的發現感到失望：構成「果園」的果樹實際上散落在森林各處。果農爲這種作法辯解說，椪柑樹喜歡遮蔭，在大樹下長得特別好。博納維亞並不氣餒，繼續他的研究。他在《印度與錫蘭的栽培橙和檸檬等》（*The Cultivated Oranges and Lemons etc. of India and Ceylon*, 1888）中寫道：「我不遺餘力尋找這種椪柑的起源，還有其名稱的可能來歷。」

雖然沒有人能爲博納維亞提供有關這種水果來自何處的解答，但人們在這個議題上確實存在某種共識。他寫道：「所有人都同意它不是本土植物，據傳，阿逾陀國的王子羅摩（Rama）麾下一位名叫哈奴曼（Hanuman）的將軍從蘭卡（錫蘭）返回時引進這種植物。有些人說種子是從阿薩姆本土帶來的。」然而，後來博納維亞又提供了一個不同

的起源故事。他指出，大多數作者認為橙最初來自中國或當時被稱為「交趾支那」的地區，即今日的越南南部和柬埔寨東部。有一點是肯定的：橙在南亞和東南亞地區廣泛存在已有很長一段時間了。

　　在將近一個半世紀後的今天，我們又找到更多碎片，幫助我們拼湊出答案。美國和西班牙科學家的研究縮小了柑橘類水果的潛在發源地名單。為此，研究人員分析從中國的橘到苦橙（塞維亞柑橘）等五十多個物種的基因組，甚至做出柑橘系譜樹。其中最重要的物種包括枸櫞、橘和柚。而原產地已縮小到喜馬拉雅山脈東部和東南部的山麓丘陵，那裡冬季溫和，陽光充足，雨水相對較少。高溼度的熱帶環境讓柑橘類水果更容易感染各種疾病，因此任何更南部的地方都可以排除，而且大多數柑橘類植物不耐霜凍。

左頁
西班牙橙和檸檬廣告，
1929 年

　　與古代中國的同行一樣，義大利藝術家和收藏家也被柑橘類水果有時不規則的奇妙形式所吸引。強大的梅迪奇家族（Medici）對柑橘類情有獨鍾。1665 年 1 月，科學家暨詩人雷迪（Francesco Redi）向紅衣主教利奧波德·德·梅迪奇（Leopold de' Medici）提交一份報告：

　　今天，我去閣下那片迷人的小樹林裡對柑橘類水果進行
　　一些觀察，發現了一個全新且與眾不同的品種，於是我
　　請一位園丁剪下幾個奇異的果實，並將這些新奇之物寄
　　給您。

科西莫三世（Cosimo III）是托斯卡尼大公，也是梅迪奇
王朝的成員，他在佛羅倫斯附近的卡斯特羅（Castello）也有
類似的柑橘收藏。他聘請佛羅倫斯藝術家賓比（Bartolomeo
Bimbi, 1648–1729）繪製了四幅不同的豐收景觀。在這些圖
畫中，樹枝上或灌木叢中掛滿了橙、枸櫞、檸檬、佛手柑和
萊姆。

早在 16 世紀，中歐地區的富人和名人就被捲進柑橘種
植的熱潮。就像在義大利一樣，柑橘園代表威望。其中一座
這樣的花園坐落於德國南部距離慕尼黑不遠的奧格斯堡（Au-
gsburg），屬於福格家族（Fugger），一個極其富有的商業王
朝。1531 年，這座花園據說已收集了在義大利種植的每一種
柑橘類水果。

爲柑橘樹搭建臨時遮蓋物的作法常見於義大利加達湖
（Lake Garda）周圍地區，這種作法也傳播到更北方的皇家宮
廷和大宅第。這些簡單的木造結構用苔蘚和糞便隔熱，並以
烤爐加熱，到了春天，很容易就能拆除。設計來作爲橘園的
永久性建築，一直到 17 世紀末才出現。

儘管柑橘類水果吸引無數人的想像，福爾卡默（Johann
Christoph Volkamer, 1644–1720）因爲特別癡迷而聞名於世。
福爾卡默出生於醫學與植物學世家。他在 1708 年出版了一
部柑橘類水果百科全書《紐倫堡赫斯珀里得斯》（*Nuremberg
Hesperides*），書名指稱的是海克力斯（Hercules）冒險故事的
一個情節：海克力斯從埃格勒（Aegle）、阿瑞圖薩（Arethusa）
和赫斯珀瑞圖薩（Hesperthusa）等三位赫斯珀里得斯仙女看

——
右頁
柑橘類水果高掛在德國
植物學家福爾卡默繪製
的想像風景中

Limon della Costa grosso.

守的果園中盜取了眾神的金蘋果。對他那些著了魔的讀者來說，書中出現的水果確實就像是希臘神話中的金蘋果。而「赫斯珀里得斯」則成了紐倫堡周圍地區豐富花園文化的一個標語。福爾卡默自己的花園是德國南部最宏偉的花園之一。

《紐倫堡赫斯珀里得斯》中的一百多幅銅版畫非常特別，圖畫中有超大的枸櫞、檸檬、佛手柑、萊姆、橙和苦橙等，全都飄浮在花園全景圖或建築景觀的前面或上方。在紐倫堡附近哥斯騰霍夫（Gostenhof）的花園裡，福爾卡默為他的果樹設計打造了一座建築，這在當時是相當先進的：建築的南端是開放的，在溫暖的月分可將屋頂拆除。這個建築與一間「香氣室」相連，冬季時節，遊客可以在那裡享受花與水果的景象和香氣。北方氣候區的地中海花園假象幾乎是完美的。福爾卡默在義大利也以其進取精神聞名，但他在那裡的名聲與柑橘園無關，而是因為他養蠶的桑園，以及附近的一家絲綢工廠。

柑橘樹的田園風光也在遙遠的北方激發人們的想像力。1730 年，

下圖
義大利加達湖採收檸檬
的景象，20 世紀早期

蘇格蘭詩人湯姆森（James Thomson）在作品《四季》（*The Seasons*）中寫下對果林樂趣的讚頌：

> 波莫娜，帶我去妳的枸櫞園，
> 那裡有檸檬與刺眼的萊姆，
> 和深色的橙一起，在綠意中閃耀，
> 它們的光輝交融在一起。讓我躺在
> 蔓延的羅望子樹下，它搖曳著，
> 在微風的吹撫下，那帶來沁涼的果實。

在威瑪寫下柑橘之樂後，歌德在加達湖一帶第一次遭遇飄著香甜芬芳的檸檬園，這個地區的柑橘傳統可以追溯到 13 世紀。歌德的遊記《義大利之旅》（*Italian Journey*）記述了 1786 年 9 月的一段經歷：

> 我們經過利莫內鎮（Limone），那裡的梯田式山坡花園種著檸檬樹，這讓園子看起來既整齊又綠意盎然。每座花園都由一排排白色方柱組成，柱子之間有一定的距離，有台階讓人爬上山丘。粗壯的杆子橫放在柱子上，在冬季可以保護種植在柱子之間的果樹。

兩個月後，他到了羅馬附近，儘管已是冬季，樹木的景致仍讓他欣喜不已：

在這裡，你不會注意到冬天的到來。你唯一能看到的雪
是在北方遠處的山上。檸檬樹是沿著花園牆壁種植的。
不久，檸檬樹就會被燈心草蓆蓋起來，但橙樹留在戶
外。這些樹木從不像我們國家那樣被修剪或種在桶裡，
而是自由自在地矗立在土裡，與它們的兄弟排成一排。
沒有比這麼一棵樹更令人快活的景象了。只要花幾分
錢，你就可以敞開肚皮吃到開心。現在它們的味道已經
很好，但到 3 月的風味更佳。

更往南，索倫托半島（Sorrento Peninsula）突出於那不勒
斯灣，離卡布里島和龐貝遺址不遠。到那裡，就像踏入完完
全全的浪漫南義，一片如畫的景觀，滿是檸檬林和橙樹林。
這些樹木緊貼在陡峭的山坡上，四周是古老的石牆，生長在
向陽的梯田上，有時靠在栗木做的支架上，幾乎全年開花。

數十年甚至數世紀以來，這些樹啟發許多遊客，包括哲
學家尼采。當他在樹林間徘徊，享受著它們的遮蔭、在深色
樹葉間瞥見白色花朵之際，他的思緒飛揚了起來。1876 年
10 月 26 日至 1877 年 5 月初，三十三歲的尼采是魯比納齊別
墅（Villa Rubinacci）的客人。

尼采是應作家瑪爾薇達・馮・梅森布格（Malwida von
Meysenbug）的邀請而造訪該地，梅森布格建議他和她一起在
那裡度過冬天。尼采因為嚴重的偏頭痛，暫時解除在巴塞爾
大學的教職一年，亟需恢復健康。與他同行的有他的醫生保
羅・雷（Paul Rée）和他的學生布瑞納（Albert Brenner）。從

他位於一樓的房間，這位年輕的哲學家可以直接看到花園景觀。在寫給女兒的信中，梅森布格描述花園中的橄欖樹與橙樹一起生長、帶給人森林的印象。當尼采走到室外，這些樹木爲他遮擋了明亮的陽光與由此引發的頭痛。關於他的逗留，有一個特別有趣的細節被記錄下來，即其中一棵樹對他產生特別的重要性。據稱，每當他站在那棵樹下，就會有一些發想，因此這棵樹也被稱爲「思想樹」。

在莊園逗留的幾個月中，尼采一直在寫作《人性的，太人性的》（*Human, All Too Human*）這部開創性的作品。儘管這本書沒有具體提到作者寫作時圍繞身邊的檸檬樹、橙樹和橄欖樹，但確實包含這樣的觀察：「我們喜歡置身於大自然中，因爲它對我們沒有成見。」尼采在索倫托附近還可能經歷什麼？他是否品嘗了當地特產、味甜色澄黃的檸檬酒？

這麼多作家從檸檬林和橙樹林中獲得靈感，這不可能是巧合。檸檬花和橙花的迷人香氣肯定是其魅力的一部分。莫泊桑（Guy de Maupassant, 1850–1893）曾特地前往南法，在摩納哥市的上方感受橙花的香味，證明橙花的魅力：

我的朋友，你可曾在開滿花的橙樹林中睡覺？人們愉快吸入的空氣，是一種香水的精髓。濃烈甜美的香氣，如珍饈一般美味，它似乎與我們的存在融爲一體，讓我們感到飽和，讓我們陶醉其中，讓我們疲憊，讓我們陷入昏昏欲睡、夢幻般的麻木狀態。它彷彿是由仙女的手而非藥商的手調製的鴉片。

CALIFORNIA
The Cornucopia of the World
ROOM
FOR
MILLIONS
OF
IMMIGRANTS
43.795.000.
ACRES
OF GOVERNMENT LANDS
UNTAKEN
Railroad & Private Land for a Million Farmers
A CLIMATE FOR HEALTH & WEALTH
WITHOUT CYCLONES
OR BLIZZARDS.

— 12 —

如蘋果派一樣
美國化

北美洲果園的發展在許多方面都與歐洲的發展路線不同。首先,在北美洲廣大的森林中,野生水果非常豐富,這種情況一直延續至今。野生水果、漿果和堅果為第一民族(First Nations,指現今加拿大境內的北美洲原住民及其子孫)中許多成員的主要飲食元素。我們可以在法國人拉洪坦男爵(Baron de Lahontan)的《前往北美的新航程》(*New Voyages to North America*, 1703)中找到一個間接的描述,拉洪坦男爵曾在今日加拿大和美國的部分地區遊歷。書中描述了現在上密西根(Upper Michigan)的休倫部落(Huron)如何摘採野葡萄、李、櫻桃、蔓越梅、草莓、黑莓、覆盆子和藍

莓等，甚至用楓糖漿保存野生酸蘋果。

英國人帶來了他們的農業技術，他們最早在東海岸定居的地區甚至殖民時期就有高度發展的水果栽培文化。1629年，約翰・史密斯船長（Captain John Smith）提到詹姆斯鎮（Jamestown）的蘋果樹、桃樹、杏樹和無花果樹。維吉尼亞首任總督伯克利（William Berkeley）據說在自家的綠泉莊園（Green Spring）種植約一千五百棵果樹。維吉尼亞居民哈蒙德（John Hammond）曾在 1656 年出版的《利亞與拉結；或兩個結實纍纍的姐妹維吉尼亞和馬里蘭》（*Leah and Rachel; or, The Two Fruitfull Sisters, Virginia and Mary-Land*）中寫道：

前頁
吸引人們到水果天堂加州定居的海報，19世紀晚期

> 那個區域到處都是美麗的果園，而且水果一般都比這裡更加甜美多汁，桃和榲桲就是其中的代表。榲桲可以生吃，滋味十足，桃與我們的不同，比我們最好的野生酸蘋果還美味，而且兩者都能製成最出色、最讓人滿足的飲料。葡萄在野外恣意生長，核桃、小堅果、栗和許多棒極了的水果也是如此，還有英國沒生長或不為人知的李和漿果。

另一個資訊來源是生於法國諾曼第的赫克托・聖約翰・德・克雷夫科爾（Hector St. John de Crèvecoeur, 1735–1813），他曾在加拿大做了幾年製圖師，還在加拿大跟英軍作戰。後來，他把自己的名字英語化，改成約翰・赫克托・聖約翰（John Hector St. John），歸化美國，與妻子定居於今紐約州橘郡

（Orange County），一個果樹遍布的地方。他在《18 世紀美國風情畫：北美農夫後續的信》（*Sketches of Eighteenth Century America: More Letters From an American Farmer*）一書中的詳盡描述，讓我們得以一窺當時蘋果產業的發展，非常值得詳細引用。他曾一度提到「在秋天種植了一個占地 5 英畝的新蘋果園，有三百五十八棵樹」。怎麼處理那麼多水果呢？「天曉得，這不是用來釀蘋果酒的！」德‧克雷夫科爾堅持道。他大概是不想讓人以為他隨時都想喝酒才這麼說的（儘管此時距離禁酒運動還有很長一段時間）。事實上，這些蘋果主要是給豬吃的：

　　一旦我們的豬把桃吃完了之後，我們就把牠們趕到我們

上圖
在現今仙納度國家公園（Shenandoah National Park）的李氏公路（Lee Highway）上一個賣蘋果酒和蘋果的攤子，維吉尼亞州，1935 年

的果園裡。蘋果和前面的水果能大大改善牠們的體質。看到牠們靈巧地在幼齡樹上蹭來蹭去，好把蘋果搖下來，真是讓人吃驚。牠們經常站起來，抓著樹枝，以便獲得更多食物。

收穫之後還有很多工作要做。因此，與鄰居保持良好的關係是很重要的，尤其是準備乾燥果乾的時候：

住在附近的婦女在傍晚被邀請來我們家。每個人都會拿到一籃蘋果，她們把這些蘋果去皮、切塊並去核。果皮和果核會放進另一個籃子裡；當預計數量完成，我們就會端上茶、豐盛的晚餐和我們最好的東西。歡樂的氣氛和歡快的歌聲總是讓這些夜晚充滿生氣；雖然我們的碗裡既沒有西印度群島風味細緻的潘趣酒，也沒有歐洲滋味醇厚的葡萄酒，但我們的蘋果酒卻能給我們帶來另一種更簡單的愉悅，讓人心滿意足。

上圖
把蘋果攤開來曬乾，尼克爾森山谷（Nicholson Hollow），今仙納度國家公園

第二天，乾燥果乾的工作繼續進行，這群人搭建了一個
用來乾燥蘋果的木造結構：

> 棚架搭好後，蘋果會放在上面鋪成薄薄一層。它們很快
> 就引來附近的蜜蜂、黃蜂和蒼蠅。棚架加速了乾燥的過
> 程。工人不時會將果乾翻面。到了晚上，則用毯子將果
> 乾蓋起來。如果可能下雨，會把果乾收集起來，帶進屋
> 裡。如此反覆，直到果乾完全乾燥。

德・克雷夫科爾在後面進一步解釋了使用這些果乾的方
法；果乾會放在溫水中泡一整晚，吸水膨脹至原本的大小：

> 無論是用來烹煮餡餅或是包餃子，都很難藉由味道去判
> 斷它們是否為新鮮水果。我認為，這是我們農場最可口
> 的產品。我妻子和我的晚餐，一年中有一半是蘋果派和
> 牛奶。桃子乾和李子乾由於更加嬌貴，一般都留作節
> 日、聚會和其他常見的民間節日之用。

他還提到一種將蘋果酒蒸餾成高濃度利口酒的方法。另
一個特產是蘋果奶油，「在冬天是最棒的食物，尤其是孩子
很多的地方」：

> 為此，我們將最好的、滋味最豐富的蘋果去皮煮熟；加
> 入大量的甜蘋果酒，再藉由蒸發作用濃縮。然後，加入

適量的榅桲和橙皮，並放入陶罐
中保存。這在我們漫長的冬季可
謂美味佳餚，受到許多人推崇。
它可以減少糖的用量，節儉的婦
女巧手運用，其用途比我能描述
的還要多。因此，我們的產業教
我們把大自然帶給我們的東西轉
變成適合我們這個階層的食物。

雖然大部分 18 世紀和 19 世紀花
園的痕跡已經消失，當時的廣告仍然
可以讓我們感受到果樹在這些時期受
歡迎的程度。值得注意的例子是一位
名叫普林斯（William Prince）的種植
者，他在長島地區一片占地 32 公頃的
土地上經營著北美第一個完全商業化
的苗圃。一份 1771 年的報紙用兩頁
的篇幅詳列他所出售的一百八十種果
樹和植物，大部分從歐洲進口。這間
公司名為「老美苗圃」（The Old Ame-
rican Nursery），一直營業到 19 世紀
下半葉，而且那段期間出版了越來越
包羅廣泛的目錄。以 1841 年的目錄為
例，其中包含一千兩百五十種水果。

左圖
《美國家園之秋》
（*American Home-
stead Autumn*），柯
里爾與艾夫斯（Currier
and Ives），1868/69
年

除了經營苗圃之外，勤奮的普林斯家族也出版許多相關書籍，例如《果樹學手冊；又名水果論：包含果園和花園中大量最有價值品種的描述》（*The Pomological Manual; Or, a Treatise on Fruits: Containing Descriptions of a Great Number of the Most Valuable Varieties for the Orchard and Garden*, 1831）。

水果種植的愛好者中甚至有幾屆美國總統。1760 年，喬治‧華盛頓在他位於維吉尼亞的維農山莊（Mount Vernon）種了數千株果樹樹苗。他日記中的許多片段記錄了水果種植活動，如嫁接各種樹木。收成會直接食用、保存起來，或是加工成蘋果酒。關於這個話題的一項最早紀錄出現於 1762 年 3 月 24 日，我們可以由此了解他記載的詳盡程度：

> 將另外五株同樣的櫻桃嫁接在薄荷花圃的一組接穗上。另外，三株牛心番荔枝（來自梅森〔Mason〕）當中，有一株在大門右側的牆下，另外兩株也在牆下，介於五棵科爾內欣櫻桃（Cornation Cherry）之間，就在李樹對面。（牛心番荔枝是一種滋味微甜的水果，學名為 *Annona reticulate*，可能源自西印度群島。）

1785 年，華盛頓重新整理維農山莊的花園。果樹從更正式的上層花園移走，為更多花卉和蔬菜騰出空間。他還從傑尼弗少校（Major Jenifer）處取得兩百一十五棵蘋果樹。蘋果與其他典型的莊園果樹，如梨樹、櫻桃樹、桃樹和杏樹，添加到現有花園中，種在莊園周圍的農場。園丁以樹籬

整枝方式修剪一些樹──該記住的是，這些園丁是奴隸。

　　傑佛遜與華盛頓一樣熱衷於水果種植。他在著名的維吉尼亞蒙蒂塞洛莊園（Monticello）和其他地產中都種植了大量的樹木，有一百七十個不同的水果品種。他挑選的蘋果品種在當時相當具地區代表性，包括赫維野生酸蘋果（Hewe's Crab Apple）、可口香（Esopus Spitzenburg）、羅克斯伯里赤金（Roxbury Russet）等。但他最喜歡的是稱為「塔利亞費羅」（Taliaferro）的品種，據稱能生產出「現有最棒的釀酒用蘋果……比其他任何蘋果更接近如絲般順滑細緻的香檳」。遺憾的是，我們只能想像這種上等釀酒蘋果的滋味：塔利亞費羅就如歷史上許多水果品種一樣，已經失傳。無論如何，談到水果，傑佛遜是個不折不扣的愛國者，斷言歐洲人「沒有蘋果可以與我們的牛頓皮平品種（Newton Pippin）相比」。牛頓

上圖
一箱箱被運離果園的桃，科羅拉多州德爾塔郡（Delta County），1940 年

皮平是知名阿爾伯馬勒皮平品種（Albemarle Pippin）的舊名。
傑佛遜顯然讓他的奴役園丁處理嫁接工作，而且相當令人驚
訝的是，他認為果樹最好還是從種子培育。

　　傑佛遜的熱情無法改變一項事實，即維吉尼亞溫暖潮溼
的氣候讓許多歐洲水果物種無法承受。梨樹、李樹、扁桃樹
和杏樹都遭受了蟲害和疾病。儘管如此，傑佛遜還是取得一
些成功。他大加讚賞來自賓夕法尼亞的塞克爾梨（Seckel），
說它「超越了我離開法國後所品嘗到的任何東西，而且比得
上我在那裡看過的任何梨」。馬賽無花果也贏得類似的讚
譽：「這是我所見過最好的無花果。」

　　當美國果樹學會於1848年成立，一項任務是時而混亂的
水果銷售業務，為其賦予秩序。低品質的品種，無論是樹苗
或水果本身，往往以誤導性的名稱銷售，已確立的品種則被
重新命名當成「新品種」推廣。市場上充斥著園藝贗品，給
整個行業帶來負面影響。作為回應，學會的一個委員會著手
編製目錄，列出不同類型水果的各種名稱和同物異名。

　　當然，單憑文字不可能捕捉到一種水果外觀的所有細微
差異：可靠的鑑定指南需要圖片。霍維（Charles M. Hovey,
1810–1887）是麻薩諸塞的果農，他委託藝術家夏普（William
Sharp）為蘋果、梨、李、桃和櫻桃繪製插圖。其結果是一部
兩卷的作品《美國的水果》（*The Fruit of America*, 1848–1856），
霍維後來以美國果樹學會的名義出版。隨後的幾年裡，更多
藝術家加入這個計畫。一位值得注意的供稿者是普雷斯特爾
（Joseph Prestele），他在移民美國之前曾為慕尼黑皇家植物

園（Royal Botanical Garden）的插畫家。到 1930 年，即該書出版的最後一年，它總共收錄了六十五位不同藝術家約七千七百幅水彩畫。

莫頓（Julius Sterling Morton, 1832–1902）曾在美國總統克利夫蘭（Grover Cleveland）主政期間擔任農業部長，日後亦曾擔任內布拉斯加領地（後來成為內布拉斯加州）的總督，他不僅是政治人物，也是熱情的園藝師。當他和妻子搬到內布拉斯加市時，買下一個占地 65 公頃的農場，並開始進行實驗，了解當地氣候條件適合哪些植物生長。據一位同時代的人說，莫頓家有兩千株果樹，包括最棒的蘋果、桃和李品種。1872 年，莫頓提出激動人心的訴求，要求將水果種植當作美國向西擴張的關鍵因素：

> 一座好果園會讓人感到舒適，因為它會讓新家更像「東邊的老家」。……果園是文化和教養的傳教士。它們使在其中成長的人們成為更好、更有思想的人。如果內布拉斯加的每個農民都能種植和培育一座果園與一座花園，再加上一些林木，那麼這裡將在精神上和道德上成為最優秀的農業州，成為美利堅聯盟中最偉大的生產者社群……如果我有能力，我會要求這個州每一個有自己家的人都種植和培育果樹。

莫頓發表這項演講當天，恰好有一個關於樹木非常重要的會議。該會議結束時，決定將 4 月 10 日訂為植樹節。這個

節日現已成為既定傳統，儘管確切日期依生長時期而有地區差異。對包括內布拉斯加州在內的大平原區來說，果樹的重要性比其他地方更高，因為該地區幾乎沒有森林。在白人定居者抵達內布拉斯加之前，該地區的樹木覆蓋率只有 3%，大部分在沿河地區。到了 1890 年，他們已經在那裡種了幾百萬棵樹，完全改變許多地方的景觀特徵。樹木在農莊裡特別有用，能夠抵禦強風。

由於 19 世紀中期一個很重要的變化，這種對果樹的熱情是值得注意的。隨著禁酒運動興起，越來越多農民疏於照管他們的蘋果園。但蘋果酒需求的下降並不完全是因為人們禁酒。隨著德國移民數量增加，啤酒的釀造隨之增多——這種

右圖
華盛頓州蓊鬱的蘋果園長久以來一直為美國地區提供穩定的供應。吉爾伯特（Cragg D. Gilbert）在 1950 年代早期為他的果園設計出這個商標時，用上自己最喜歡攀登的舒克桑山（Mount Shuksan），舒克桑山為華盛頓州北喀斯喀特山脈的一部分

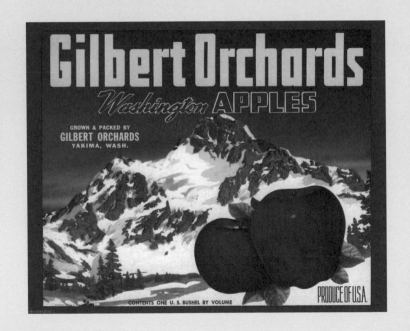

飲料顯然吸引了更多美國人。

　　然而，雖然還不清楚是否完全因為莫頓的緣故，但美國的蘋果種植捲土重來。20世紀初，美國農業部在其《蘋果命名法》（*Nomenclature of the Apple*）中列出了一萬七千多個蘋果品種。一個決定性的變化造成了這項轉變：蘋果越來越被視為一種健康的零食，而早期用來釀造蘋果酒和蘋果白蘭地的蘋果類型跟這個健康零食的概念幾乎沒有關係。這種在禁酒運動之後蘋果種植種類的轉變，於1920年禁酒令之際達到顛峰。從那時起，大多數蘋果農開始生產不含酒精的「未酵蘋果汁」，基本上就是未經過濾的蘋果汁。

上圖

冷凍庫出現之前，水果通常會罐裝處理。波特娜夫人（Mrs. Botner）的地窖一隅，奧勒岡州馬盧爾郡尼薩高地（Nyssa Heights, Malheur County），1939年

　　愛默生（Ralph Waldo Emerson）當然知道栽培蘋果並非美國的原生植物，但這並不妨礙他聲稱「蘋果是我們的國家水果……〔沒有〕這種具觀賞性和社會性的水果……人類會更孤獨、少些朋友、少些支持」。至於蘋果派呢？雖然哈麗葉特·比徹·斯托（Harriet Beecher Stowe）以《湯姆叔叔的小屋》（*Uncle Tom's Cabin*）聞名，但她對這種終極的美國甜點也有些想法。她在1869年寫道：「這種派是英國的傳統，一旦在美國土壤落地生根後，便迅速蔓延出去，湧現出無數

種類。」蘋果派早在 16 世紀就存在於北美，但「如蘋果派一樣美國化」這句俗諺一直到 1860 年左右才出現。

談到蘋果在北美的傳播，有一個人顯然比其他人來得更重要：來自麻薩諸塞朗梅多（Longmeadow）的約翰・查普曼（John Chapman, 1774–1847）。1797 年，二十三歲的查普曼帶著一個裝滿種子的背包出發。根據傳說，查普曼──或是他後來的綽號「蘋果子強尼」（Johnny Appleseed）──總是赤著腳，穿著咖啡豆麻袋，睡在樹洞裡。他不斷往西方前進，越過邊境，在那裡種下種子，兩三年後再將幼樹賣給定居者，然後移動到下一個地點。他的努力獲得了一些土地公司的幫助，例如俄亥俄的聯合公司（Ohio Company of Associates）規定，定居者必須在三年內種植至少五十棵蘋果樹和二十棵桃樹，才能獲得土地的永久所有權。

不忙於蘋果生意的時候，查普曼經常大聲朗讀瑞典神學家暨神祕主義者史威登堡（Emanuel Swedenborg）的作品。史威登堡不僅聲稱能與天使和靈魂對話，也相信所有物質都代表著精神世界的元素，所以不應該被操縱。因此，查普曼和傑佛遜一樣，不贊成嫁接。嫁接這樣的步驟是對偉大神聖計畫的干涉行為：

> 他們可以用這種方式改善蘋果，但這只是人的一種手段，用這種方式砍伐樹木是邪惡的。正確的方法是選擇好的種子，把它們種在好的土地上，只有上帝才能改善蘋果。

　　然而我們得記住，在禁酒令前的這段時期，蘋果主要是用來餵豬或製作蘋果酒，因此沒有人期望它們像現在的食用蘋果一樣美味。

　　對蘋果子強尼的神話抱持著某種程度的懷疑態度似乎是合理的。他真的像許多傳說故事中描述的那樣，是個殉道者嗎？他所有的蘋果樹都是用種子培育出來的嗎？那些買了他的蘋果樹苗的定居者，真的按照他的指示操作嗎？

　　後來的發展再次幫助改變了整個美國地區，關於這個部分的不確定性倒是比較少。這裡指的是南加州洛杉磯到河濱市（Riverside）之間的橙樹栽植。1873 年，第一批臍橙樹苗從巴西運來，在這個地區種植。接下來的幾十年間，樹木的數量增加至百萬棵。直到 1880 年代早期，許多葡萄園與橙樹林並存，但葡萄最終還是成了枯萎病的受害者。橙樹本身也有很容易感染的疾病──一種稱為吹綿介殼蟲（cottony cushion scale）的昆蟲──但種植者在從澳洲進口的澳洲瓢蟲（vedalia beetle）幫助下，得以控制住吹綿介殼蟲的傳播。1886 年，沃夫斯基爾果園（Wolfskill Orchards）將一火車的加州橙運到東部，這要歸功於甫將鐵路網拓展到洛杉磯的聖塔菲鐵路（Santa Fe Railroad）。加州本身與加州的標誌性作物都以「橙為健康，加州為財富」口號大肆行銷。沒多久，用來運輸水果的箱子上就貼上展現明亮田園景象的標籤。

　　有效灌溉是一項主要的挑戰。將聖蓋博山脈（San Gabriel Mountains）的融化雪水藉由運河輸送是非常重要的，如此才能避免水資源使用者之間的糾紛。解決這個問題的關鍵

人物是來自加拿大安大略省金斯頓（Kingston）的工程師喬治·查菲（George Chaffey, 1848–1932）。1862 年，喬治和弟弟威廉（William）買下了後來成爲安大略市和阿普蘭市（Upland）的土地。在合作社互助水務公司（Mutual Water Company）的幫助下，喬治·查菲爲定居者提供從聖安東尼奧峽谷（San Antonio Canyon）公平取用水資源的機會，這些水藉由水泥管道輸送到每個地產。這個創新的系統只是查菲對南加州基礎建設的諸多貢獻之一。

下圖
葡萄柚比橙大，但有這麼大嗎？佛羅里達州，1909 年

A Wagon Load of Grape Fruit, Florida.

　　各種因素，包括1887年土地價格飆漲五倍和對銷售管道失去控制等，使加州的柑橘種植者面臨巨大的壓力。但在20世紀初，他們以合作社的形式集結眾人之力，這個產業很快又開始上升。此時，橙農已經知道，橙樹需要避風才能茁壯成長。桉樹通常是為此目的而種植的：桉樹長得快，敏感的橙樹可以在種下桉樹後兩三年跟上。這一排排的樹木，兩兩相隔近7公尺。農場工作人員主要是華人、菲律賓人、日本人和墨西哥人，他們會用玉米稈保護樹幹，防止長耳大野兔啃食。一旦霜凍威脅到植物，他們會在樹林邊緣燒起火。濃厚的煙霧是為了讓冰冷的空氣遠離樹林。

　　這些水果和用來包裝水果的盒子，以及盒子上展現陽光明媚的加州的彩色標籤，吸引越來越多遊客和新住民來到這個傳說中的太平洋之州。當娛樂業也在那裡找到立足點，南加州的命運就注定了。土地價格再次飆漲數倍，許多果園不得不被放棄。此時，橙農在中央谷地找到新家。加州和佛羅里達州也因葡萄柚而聞名。這種柑橘的名稱看來相當不合適，據推測是源自一個非常古老且早已消失的品種，它確實就如葡萄般呈簇狀掛在樹上。

　　當然，加州不是北美洲西岸唯一的水果種植熱點：美國華盛頓州以蘋果聞名，加拿大英屬哥倫比亞省亦然。這個龐大的產業剛開始規模很小：1847年，貴格會廢奴主義者盧林（Henderson Luelling, 1809–1878）和他的女婿米克（William Meek）駕著一輛裝滿蘋果幼樹的有篷馬車，從愛荷華出發。他們前往奧勒岡和加利福尼亞種植蘋果園，然後轉往北邊的

今日華盛頓州。後來，當東西岸之間的鐵路連接完成，華盛頓州發展成地球上最大的蘋果種植區。被蘋果園包圍的韋納奇鎮（Wenatchee）甚至自稱「世界蘋果之都」（Apple Capital of the World）。

利用火車快速將收成運往市場的能力，對其他類型的果園主也是個福音，因而受益的水果是嬌貴的桃。自殖民時代，美國地區一直在種植這種水果。菲利普・羅斯（Philip Roth）在其 1997 年的小說《美國牧歌》（*American Pastoral*）中，藉由故事主人翁對一條連接紐澤西與紐約市的鐵路（事實上並不存在）的描述，紀念這些載滿果實的火車所扮演的角色：

> 從前有一條鐵路從懷特豪斯（Whitehouse）通往莫里斯鎮（Morristown），運送亨特登郡（Hunterdon County）果園的桃。30 英里的鐵路線只是為了運輸桃。當時在大城市的富裕階層有一股桃子熱，他們將桃從莫里斯鎮運到紐約。桃子列車。很了不起吧？在一個好日子裡，七十節車廂的桃從亨特登的果園被拉了過來。在枯萎病把果園毀掉之前，那裡原有兩百萬棵桃樹。

但我們也應該記住，將特定作物集中在特定地區種植的情形，是相對較新的現象。不久以前，任何擁有農場的人都有一座果園。而在人口開始往城市集中之前，幾乎每個人都有一個農場。在新英格蘭地區，部分傳統果園仍然存在，現

在也開放參觀。康乃狄克州米德菲爾德（Middlefield）的萊曼
果園（Lyman Orchards）就是個例子：它的起源可以追溯到
1741 年，當時的主要作物是桃。在緬因州藍山鎮（Blue Hill）
第一位公理會牧師強納森・費雪（Jonathan Fisher）的家附近
（費雪於 1794 年至 1837 年擔任此職），有一座遺產果園，
其配置圍繞著一棵兩百歲的梨樹，這棵樹顯然是費雪自己種
下的。1650 年由清教徒傳教士約翰・艾略特（John Eliot）和
一小群麻薩諸塞內蒂克（Natick）定居者所建立的瞭望農場，
現在擁有六萬棵樹。那裡有十一個不同品種的蘋果，還有
梨、桃和李。就像許多其他果園一樣，這座農場允許遊客自
己摘採水果。這種「探果樂」的手法是 1920 年代新罕布夏州
一位農民的創意。它後來流行起來，現在在世界各地許多國
家廣受歡迎。

　　果園的故事還不只這些。19 世紀後半葉移民到美國的義
大利人帶來了朝鮮薊的種子、葡萄藤的插條和無花果樹。無
花果樹甚至出現在匹茲堡或克里夫蘭等地的後院，沒有人料
想到它們會在這裡生根，人們也非常小心地保護著它們，確
保它們能熬過冬季。這些備受珍視的水果幫助人們維持與祖
國的情感聯繫。這種作法非常普遍，無花果的出現代表義大
利人（很快就成為義裔美國人）住在這裡。令人驚訝的事實
是，這些樹有許多一直存活到今天。每年，成長中的果實都
用舊洋蔥袋保護起來，防止鳥類啄食。「義大利花園計畫」
（The Italian Gardens Project）是義裔美國人的花園和其守護
者的活檔案，十多年來一直在記錄這些樹木和它們的確切位

置。這種意識能幫助有義大利祖先的美國人保存他們的文化
遺產。

— 13 —

果園無界

在熱帶地區，森林裡到處是肉質多的水果，但有個令人為難的問題：如果人們想從這些果實中獲得最大的利益，就必須照顧植物，保護它們免受疾病和蟲害的困擾。樹木的馴化過程可能遵循了與溫帶地區相似的路徑。當人類在森林或叢林裡發現特別喜歡的水果時，會把果樹挖起來，將果樹種在自家附近。被選中的樹木也從這種遷移中受益，因為面臨的競爭更少，甚至可能獲得用公共廢物施肥。

西方工業化國家有許多人懷抱一種浪漫的想法，以為熱帶森林沒有被破壞，應該保持這種狀態，但人類與這些森林一起生活並改變它們，已經有幾百年甚至幾千年的時間。紐約植物園植物學研究員彼得斯（Charles M. Peters）幾十年來一直在世界各地的熱帶雨林進行田野調查。他在《管理荒野》（*Managing the Wild*）一書中提醒我們，「在許多情況下，

人類活動實際上藉由創造新的棲地、選擇性除草和引進新物
種等作為，增加了熱帶森林的多樣性。」

　　但讓我們先回到過去。在中美洲，農業與隨之而來的定
居點約莫始於八千年前，比新月沃土來得晚些。在南美洲熱
帶地區，又過了四千年，這個轉折點才到來。最早被馴化的
作物是玉米。它生長在墨西哥西部夏季潮溼、冬季乾燥的河
谷中。自古以來，就存在著豐富的水果種類，但古代的芒果
（最早在印度被馴化）、香蕉（第一個明確的栽培證據出現
在巴布亞新幾內亞）和其他物種，與它們在現代的對應有著
相當的差異。古時這些水果小了許多，籽較多，味道可能也
有些不同。其他水果還有鳳梨、木瓜、百香果、楊桃、番石
榴、桃實椰子、巴西莓和可可——僅舉幾個最常見的例子。

　　然而，儘管熱帶地區盛產水果，在世界上一些農業傳統
與歐洲和中東地區（或源自歐洲和中東地區）不同的地區，
「果園」的概念很快就達到極限。

前頁
南亞叢林裡的麵包樹，
19世紀

　　西班牙征服者到達中美洲時，對阿茲特克人著名的皇家
花園大感驚訝，花園滿是觀賞植物、芳香植物和藥用植物，
由大批工人照料。它們往往位於丘陵或山地，靠近泉水和洞
穴。現代研究人員揭露了這些花園的許多象徵意義，以及阿
茲特克人普遍的神話世界觀。就像生命的許多層面一樣，植
物與神靈有關，甚至具有神的功能。扁軸木（*Parkinsonia
aculeata*）就是個例子，這是一種有刺的灌木，長長的葉子像
極了羽毛。扁軸木與羽蛇神克察爾科亞特爾（Quetzalcoatl）

有關，羽蛇神是阿茲特克人最重要的神靈之一。這些花園中的許多植物爲薩滿所用。然而，這裡找不到主要用作食物的植物：作物是下層階級進貢給統治者的貢品。16 世紀西班牙牧師暨學者德・薩拉薩爾（Francisco Cervantes de Salazar）在其《新西班牙紀事》（*Crónica de la Nueva España*）中描述「蒙特蘇馬二世（Montezuma II）作爲娛樂的花園」：

> 在這座花園裡，蒙特蘇馬二世不允許種植任何蔬菜或水果，他說國王不適合在屬於國王的庭院為了實用性或利益而種植植物。在他眼中，蔬果園是為了奴隸和商人而存在的。同時，他也有這樣的蔬果園，但這些園子離得很遠，他很少造訪。

但是，確實有跡象顯示，也有花園是更接近於世界上其他地方生計作物與觀賞性植物混種的模式。西班牙征服者科爾特斯（Hernán Cortés）提交給神聖羅馬帝國皇帝查理五世（Emperor Charles V）的報告有助於我們了解這些花園的情況，這些報告收錄於《書信報告》（*Cartas de Relacíon*, 1519），其中包括對奧克斯特佩克（Oaxtepec）的植物園的描述：

> 這是我所見過最美麗、最令人愉快也最龐大的一座花園，其周長有 2 里格（league，1 里格約 4.8 公里），有條非常漂亮的小溪流經其間，兩旁河岸很高……這裡有住宿、涼亭與沁涼的花園，以及無數不同種類的果樹；

還有許多香草和芬芳的花朵。看到這整個果園的宏偉與
精緻之美，的確令人讚嘆不已。

在這裡，代表生育、生殖、舞蹈和歌唱的神受到崇敬。
對生活在叢林裡的人來說，例如至少從公元前 2600 年
起就居住在中美洲的馬雅人，在定居點周圍種植果樹可能是
很簡單的事，只要找到他們特別喜歡的水果，將結了這些果
子的樹挖起來，移到自家附近種植即可。馬雅人會將麵包堅
果（breadnut，又名 Maya nut，飽食桑屬〔 *Brosimum* 〕）樹
的種子磨成粉來製作薄餅。他們用多香果樹的果實爲餐食調
味，橡膠樹的膠質樹脂會做成球狀，用於競賽。吉貝木棉
（kapok tree）被認爲是神聖的，代表世界的組織：它的根一
直延伸到地下世界，樹冠則爲諸神之座。時至今日，在瓜地
馬拉北部提卡爾古城（Tikal）的廢墟周圍，仍可以發現這些
類型的樹木。面對似乎永無止境的乾旱，提卡爾居民在公元
900 年左右離棄了此處。雖然到目前爲止我們所使用的「水
果」定義並不完全適用於所有這些植物的產品，我們仍舊可
以問一個在本書中反覆出現的問題：這些樹是在花園裡栽培
的，還是野生的？

亞馬遜地區，尤其是偏遠地帶，是十幾種棕櫚的家，至
今仍有人食用這些棕櫚的果實。1870 年代遊歷巴西的美國博
物學家赫伯特‧史密斯（Herbert Smith），以懷念的口吻描
述了這些棕櫚：

森林從水中拔地而起，好比一堵密實、黑暗、無法穿越
的牆，足有 100 英尺高枝繁葉茂的壯觀景象。成千上萬
的棕櫚從這些層層落落的堆疊中竄了出來。在這裡，最
引人注目的就是棕櫚；在這廣闊的地球上，沒有其他地
方能像我們看到的那樣展現出它們的輝煌。

約莫與達爾文同時期發展自己的演化論的華萊士（Alfred

上圖
歐洲探險家在中美洲和
南美洲遇到許多他們從
未見過的動植物物種，
1858 年

Russel Wallace），甚至專門爲這些棕櫚寫了一本書，書名恰如其分，就叫《亞馬遜的棕櫚樹及其用途》（*Palm Trees of the Amazon and Their Uses*）。華萊士鉅細靡遺地爲每種棕櫚繪圖，解釋如何使用這些植物的各個部分，並描述其果實的顏色和味道，而這些果實並非都是可以食用的。

　　早期定居者可能在兩萬年前到達這個地區，當時的海平面比現在低，因爲大量的水被儲存在冰塊中。約五千年前，水位初次在巴西海岸達到現在的位置，靠近水體的地方，無論在海岸或河邊，肯定隨著時間推移被洪水淹沒。當人們放棄原本居住的地方，留下了在家園附近種植的堅果和果樹。從某種意義上來說，這些植物繼續提供這些早期定居點的「指紋」。它們以印第安黑土（terra preta de índio）或稱亞馬遜黑土的形式存在，是利用植物碳爲原本相對貧瘠的土壤注入營養的結果。科學家已確定棕櫚物種巴西莓（*Euterpe ole-aracea*）、星實櫚（*Astrocaryum vulgare*）和果實呈誘人菱形圖案的曲葉矛櫚（*Mauritia flexuosa*），都是這種土地的可靠指標。其他棕櫚也因能抵禦刀耕火種農業的火燒而聞名。

　　美國地理學家奈傑爾・史密斯（Nigel Smith）解釋道：「亞馬遜的許多地區看起來可能很『原始』，但它們實際上是古老的再生林，或是森林中果園的馬賽克。」最近的考古調查顯示，早在四千年前，亞馬遜地區的居民就已經在焚燒竹林，促進棕櫚、雪松和巴西堅果等樹木的生長──這些都被視爲具有永續性的作法。其他研究顯示，亞馬遜原住民在兩千年的時間裡馴化了香蕉。

　　安地斯山脈中部也提供許多前哥倫布時期植物、樹木和水果的證據，特別是以莫切文化（Moche culture）生產的陶瓷形式。研究人員確信，該地區居民已種植胡椒、玉米、花生、馬鈴薯、南瓜和番薯等作物。灌溉系統的存在顯示農業高度發達，那裡還有鋤頭和挖掘棒等工具出土。人們可能也會在野外採集水果，包括酪梨、番石榴、木瓜和鳳梨等。

　　現在，原住民的生活方式面臨著巨大的壓力。傳統上，原住民部落會在經常經過的叢林小徑上維護著幾個小花園或樹林地帶。這些地塊是旅行與打獵時的食物來源。生活在叢林與大草原之間過渡地帶的原住民群體，過去一直被認為是不會照料或耕種農作物的獵人和採集者，這樣的想法一直到最近幾十年才改變。

下圖
一部德文百科全書的熱帶水果插圖，1896 年

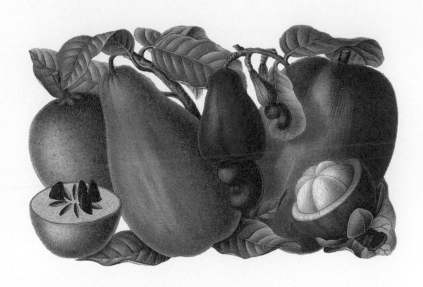

　　17世紀的巴西發生了一場不尋常的園藝實驗。在安東尼奧瓦茲島（Antonio Vaz）上，荷蘭陸軍元帥暨總督毛里茨（Johan Maurits，拿騷─錫根親王〔Prince of Nassau-Siegen〕，1604–1679）建立一座大型熱帶花園，目的在於提供地球自然史的縮影。這座花園位於毛里茨城（Mauritsstad）旁邊，毛里茨城是荷蘭人在1630年占領該國後建立的「理想城市」。花園的布局也是殖民者在這個地區的一種嘗試，試圖將幾何秩序強加於這個殖民者眼中混亂且未被馴服的植物相。

　　花園裡有些植物來自世界上其他地方，包括種植成林蔭道、主導著花園景觀的椰子樹。椰子樹於1560年首次被帶到巴西東北部，並且很快就適應了它們的新家。荷蘭人文學者巴萊烏斯（Caspar Barlaeus）描述將完全成熟的活體植物標本移植到花園的龐大工程：

> 伯爵命令用四輪馬車從3或4英里遠的地方把它們運來，巧妙地將它們連根拔起，用橫跨河面的浮橋將它們運到島上。土壤友好地接受了這些新來的植物，這些植物的移植不僅是勞動活，也極具巧思。肥沃的土壤將養分帶給那些老樹，而與大家期望相反的是，移植後的第一年，這些急於繁殖的植物就長出了數量驚人的果實。它們的年齡已有七八十歲，正因如此，人們再也不那麼堅定地相信「老樹不適合搬家」的古老諺語。

　　花園的一部分被一個有柑橘樹的正方形果園占據，另一

部分則種了石榴樹和葡萄藤。許多本地植物也包括在內。另一個重要的部分是「香蕉樹園」。葡萄牙人新近將香蕉植株從幾內亞帶到南美洲，香蕉在南美洲被稱為「印度無花果樹」。時至今日，常見的小型煮食蕉在西印度群島稱為「無花果」。毛里茨邀請歐洲研究人員前來調查這座花園。巴萊烏斯還記錄了他們可能遇到的一些其他印象：

在椰子園外，還有一個地方保留給兩百五十二棵橙樹，此外還有六百棵一株挨著一株種植的橙樹，它們既是柵欄，也以果實的顏色、味道和香氣取悅著人們的感官。

花園內灌溉渠道縱橫交錯，還點綴著魚塘和飼養家禽的圍欄。園內養了各種動物，包括野豬和數不清的兔子。我們很難想像，這些迥然不同的元素加總起來形成一個和諧的整體，但顯然它們在這裡確實如此。如果我們相信老朋友巴萊烏斯的話，這座花園就是一個人間天堂——而且一年四季都能保有其非凡的吸引力：

前述樹木的性質是這樣的，在一整年間，它們會同時展現綠葉、花朵和成熟的果實，就像同一棵樹同時在自己身上的不同部分過著童年、青春期和青壯時期一樣。

與巴西隔著半個地球的另一邊是原名錫蘭的斯里蘭卡。這個曾經幾乎完全被雨林覆蓋的島國有個在熱帶地區種植果

上圖
今日典型的斯里蘭卡格
瓦塔花園

樹的實用方法，這個有趣的例子一直保存至今。那裡最常見
的農業形式是所謂的「格瓦塔」（gewatta，在斯里蘭卡官方
語言僧伽羅語中，ge 意為「家」、watta 意為「園地」或「植
林」）：由各種果樹、香草和蔬菜構成的花園。科學家在過去
幾十年間才開始更仔細地研究它們的生態學。奧地利生物學
家霍海格（Karin Hochegger）就是格瓦塔專家。她在 1998 年
發表研究報告《像森林一樣農耕》（*Farming Like the Forest*），當
時這類花園仍然覆蓋該島超過八分之一的土地。

　　霍海格博士的著作仔細研究了一百五十八座花園。在這
些花園中，她總共發現兩百零六種不同的樹木。平均來說，
每座花園的面積為 5250 平方公尺，包含五十多種不同的植
物。各種鳥類、小型哺乳動物、蝴蝶和其他昆蟲以這些花園
為家。小徑在植物之間蜿蜒前行。一般來說，離主要建築物
一段距離的地方會有一口井。井壁上生長的蕨類植物，據說

可以保持水質清潔。

由於沒有柵欄將花園隔開，訪客很難分辨兩個家庭之間的土地界線。結出有價值作物的植物，例如果樹和攀爬在小型南洋櫻（*Gliricidia sepium*）上的胡椒（*Piper nigrum*）的藤蔓，通常位於房屋附近。因此，與其他樹籬式灌木相形之下，它們通常不會被用來界定土地的界線。

格瓦塔在島上內陸的康提古皇城（Kandy）周圍地區尤其典型，它們通常坐落於海拔90公尺至275公尺間。1881年11月，德國演化論學家海克爾（Ernst Haeckel）抵達該島，在那裡待了四個月，對格瓦塔留下深刻的印象。海克爾寫道：

> 錫蘭中海拔山地的美麗景觀，扮演著介於花園與森林、文化與自然之間的角色。有時，人們可能會產生印象，以為自己置身於一座美麗的森林之中，周圍都是高大壯觀的樹木，被各種攀緣植物覆蓋。然而，一棟部分被麵包樹覆蓋的小木屋，或者是玩耍的孩子，都提醒著我們，自己是身處錫蘭的花園裡。自然與文化之間獨特的和諧也體現在這些森林般花園的人文組成之中。

在早期，人類住宅不像現在這樣分散各處。過去人們有更多理由害怕來自野生動物的攻擊，他們住得更近，以保護自己。隨著時間推移，格瓦塔中的樹木組成也產生很大的變化，既受到主人需求的影響，也反映出殖民者和商人引進的新物種。對霍海格來說，這些格瓦塔自一開始就不斷變化：

兩千多年的農業活動導致許多有用樹木、灌木和香草的
選擇，它們可以在人類居住區附近生長。我們能假設，
早期定居者和農民在森林中採集水果、堅果和樹脂。事
實上，大多數植物可能是在種子被當作廚餘丟掉後自行
發芽的。如果一種新的植物在他們的小屋附近發芽，他
們可能會好奇地觀察，最終意識到在那裡生長的是哪一
種樹。鄰居之間可能交換有用的物種，商人們帶來新的
品種，慢慢地，今天在格瓦塔發現的有用物種形成龐大
的多樣性，這都是從試驗與錯誤之中演變而來的。

———
右頁
法國方濟各會傳教士特
韋（André Thevet）描
繪在今巴西里約熱內盧
附近果樹種植園的活
動，1557 年

菠蘿蜜（*Artocarpus heterophyllus*）是一種典型的格瓦塔植
物。它的果實含有豆狀的種子，成熟後散發出刺鼻的氣味，
但可以食用。由於它們含有大量澱粉，可以作為米的替代
品。菠蘿蜜樹需要很大的空間，與高大的椰子樹一起構成花
園的「上層」。椰子需要十二至十四個月才能成熟，但一棵
完全成長的椰子樹一年可以長出五十至八十顆椰子。它們的
下方有芒果樹，芒果最初來自印度次大陸，可以用種子種
植。芒果有許多不同品種，果實可以是綠色、黃色或紅色，
而且形狀各有不同。橙樹和檸檬樹也相當受歡迎，這不僅是
因為它們的果實，也因為人們認為它們可以趕走昆蟲。

　　格瓦塔還經常有番石榴樹、酪梨樹和麵包樹；也有檳榔
樹，以及香蕉和木瓜的植株。木瓜實際上是樹狀的草本植
物，葡萄牙人、荷蘭人和英國人在16世紀帶到島上的物種之
一。木橘（*Aegle marmelos*）芳香的果實略呈橢圓形，需要約

十一個月才能成熟，之後可用錘子或砍刀劈開。黏糊糊的果實聞起來有點像芒果或香蕉，味道讓人聯想到橘子果醬或融化的冰淇淋。它經常加工成飲料。

　　看似混亂的樹木、灌木、藤蔓和草本植物，實際上是一個共生系統，每個元素都有各自的位置，並實現一個目的。栽培這座四季欣欣向榮的花園是隨遇而安接受現實的問題：「讓它自然生長」或說「順其自然」是指導原則。換言之，園丁的工作不是試圖馴化野性或對付某些被視爲「雜草」的植物，而是讓它們自生自滅——因爲他堅信整體的每一個部分都有其存在的理由。雖然格瓦塔大多無人打理，產量仍然高得驚人，特別是當我們不僅計算食物，而是把柴火和調味品等其他產品都算進去的時候。在許多情況下，格瓦塔中植物的葉、根、種子或其他部位也會被運用於阿育吠陀療法。想到這些花園時，我會想起友人斯里蘭卡佩拉德尼亞大學（University of Peradeniya）社會學教授拉特納亞克（Abeyrathne Rathnayake）所言。在他看來，食物就是藥物。

　　你可能以爲人們會在格瓦塔裡花很多時間，但當你待在格瓦塔的時候，其實不太容易遇到其他人。他們只在摘採水果、香草或柴火時前去。有時，人們會將樹葉或花朵放在掃乾淨的小徑上晾乾。牲畜並不常見，因爲大多數農民是佛教徒，不吃肉或動物產品。

　　英國軍醫約翰・戴維（John Davy）是著名化學家漢弗里・戴維爵士（Sir Humphry Davy）的弟弟，他甚至對於將「花園」一詞用於格瓦塔感到猶豫不決，更不用說果園了。

他在 1821 年出版的《錫蘭內部與其居民記要》（*An Account of the Interior of Ceylon and of Its Inhabitants*）中寫道：

上圖
德國博物學家海克爾所見並繪製的錫蘭（今斯里蘭卡）曾經是（現在仍是）世界其他地方許多不為人知的植物的家園，1882 年

> 在僧伽羅人之間，園藝幾乎不被認為是一種藝術；他們確實會在房屋周圍種植不同種的棕櫚樹和果樹，也在寺廟周圍種植會開花的灌木；他們偶爾會在田地裡種植一些蔬菜，如山藥、番薯和洋蔥；但在該國的任何地方，都看不到符合我們理念的花園。

從外面來看，很難猜測斯里蘭卡人在他們的野生花園裡花時間時，到底在想些什麼。在島上長大的作家翁達傑（Michael Ondaatje）在自傳中回憶起一棵山竹樹，表示「他小時候幾乎就住在樹上」。他還回憶起家裡廚房旁的一棵董棕：

〔這棵樹〕很高，長著黃色的小漿果，鼬以前很愛吃。牠每個禮拜都會爬上去一次，花一個上午的時間吃漿果，然後醉醺醺地下來，在草坪上跟跟蹌蹌地拔花，或是走進屋裡，把放餐具和餐巾的抽屜弄得亂七八糟。

這些東南亞花園中的植物組成與周圍森林裡的植物非常類似。隨著這些森林消失，花園益形成爲當地物種的庇護所。人們很容易將格瓦塔視爲「過去的作法」的一種返祖現象，但其實還有另一種更具展望性的看待方式。如果最大限度地減少農業和水果種植的生態足跡是 21 世紀值得關注的目標，那麼很難想像有什麼比格瓦塔更適時的作法了。

從斯里蘭卡往東飛行四個小時，便可抵達湄公河三角洲的越南泰山島（Thoi Son）。這裡豐富的果園形成無與倫比的水果天堂——一個可乘船旅行的天堂。泰山島上蒼翠茂盛的果園裡，一年四季都有水果生長，吸引大量遊客：木瓜、橙、菠蘿蜜、芒果、榴槤、香蕉、鳳梨、椰子，甚至蘋果和李。觀察員表示，當地的魚也適應了以水果爲主的飲食。

熱帶地區水果種植一個妙趣橫生的細節出現在爪哇島，那裡的人會利用一種名叫豚尾獼猴（*Macacus nemestrinus*）的

小型猴子來摘椰子。在《一個在婆羅洲的博物學家》（*A Naturalist in Borneo,* 1916）一書中，謝福德（Robert W. C. Shelford）曾描寫這個巧妙的過程，讓人想起埃及的摘果猴：

> 猴子的腰上繫著一根繩子，牠被帶到一棵椰子樹上，迅速爬上去，然後抓住一顆椰子，如果主人判斷這顆椰子已經成熟可以摘採，就會對猴子大喊，猴子就扭轉椰子，將椰子轉下來，讓它掉到地上；如果猴子抓住的是未成熟的椰子，主人會扯一下繩子，猴子就再去找其他椰子試試。我曾見過一隻效率很高的摘果猴，儘管完全不用繩索，猴子可由主人的聲調和音調變化來引導。

既然提到了，讓我們來思考一下椰子，以及結出椰子的椰子樹。椰子殼防水（包括海水），漂浮的椰子很容易隨波逐流。因此，我們很難確定它們最早是在哪部分的太平洋海岸種植的。光是它們是否起源於美洲的問題，一個世紀以來一直是科學家的熱門話題。研究人員現在認為，椰子是隨著西班牙人（首先把它們帶到波多黎各）和葡萄牙人（把它們帶到巴西）來到新世界的，而東南亞才是它們最初的家園。因為製作肥皂而對椰子油產生大量需求，以及椰子種植園的出現（廣義上的「果園」），最早大約是在一百五十年前。

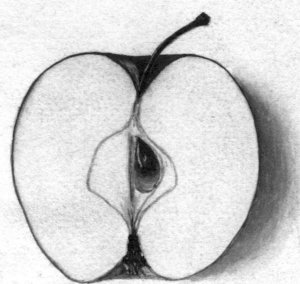

78455
Crab. (wild
J. Walter Basgye
Bowling Green.
Mo.

m. Strange.
11 _ 10 _ 14
12 _ 15 _ 14

— 14 —

果樹學學者

16世紀，植物學先驅開始將植物分類成科和種，為記錄和研究植被的龐大工作奠定基礎。幸運的是，他們與當時的藝術家密切合作，為植物和果實創作無數描繪。這些圖像代表植物學插圖極盛時期，益形增加的精確度和美麗的形式，讓人感受到植物分類學在不同國家激發的熱情。

果樹學（種植水果的科學）在 19 世紀早期發展成為一門學科，並帶來了對不同類型水果的全新思考方式。這種新的系統研究還產生有趣的追溯效應：儘管「pomologist」（果樹學家）這個詞剛被創造出來，它似乎突然在歷史上有了許多適用的對象。果樹學前輩的隊伍從泰奧弗拉斯托斯一直延伸到哈里斯（Richard Harris，在 16 世紀創立了英格蘭第一個商業苗圃），再到奈特（Thomas Andrew Knight, 1759–1838，倫敦園藝學會主席）等人。奈特支持當時流行的一種理論，

前頁
野生酸蘋果是我們喜愛
的栽培蘋果的祖先，20
世紀早期

上圖
收穫季節的花園，德
國，19 世紀晚期

卽所有果樹品種都有預先確定的壽命，當其終點到來時，就
會腐爛和死亡。雖然這種想法完全錯誤，但確實激發人們依
當時最先進的科學方法栽培出大量新品種櫻桃（雞心〔 Black
Eagle 〕、艾爾頓〔 Elton 〕和滑鐵盧〔 Waterloo 〕等品種）、
蘋果、梨、李和其他水果，藉此確保這些水果在未來的供
應。奈特最知名的著作是 1811 年出版的《赫里福德郡的水
果女神波莫娜》（ *Pomona Herefordensis* ）。

　　從那時起，果樹學作爲植物學分支的地位就牢固地確立
下來。18 世紀末和 19 世紀初，大多數試圖爲各種水果類型建
立規範的人都不是專職的科學家，而是牧師、醫生、藥劑師
和教師。他們收集標本、繪圖，並比較他們的發現。平版印

刷術出現後——而且很快就有了彩色平版印刷——更可以用
相對較少的費用複製出水果圖像。《大英水果百科；或這個
國家目前栽培的最受珍視水果集》（*Pomona Britannica; or, A
Collection of the Most Esteemed Fruits at Present Cultivated in This
Country*）這部作品就利用了這種新技術，該書由製圖師暨雕
刻師布魯克紹（George Brookshaw, 1751–1823）於 1812 年初
版。布魯克紹的書收錄許多整頁插圖，這些令人印象深刻的
插圖展現當時英國果園的豐收成果——十五種水果的兩百五
十六個品種。這些圖像非常逼真，即使在今日也會讓人口水
直流。隨後的幾十年間，更多作者創作了關於水果的重要作
品，包括倫敦《園藝期刊》（*Journal of Horticulture*）編輯霍
格（Robert Hogg, 1818–1897）。霍格的作品《水果手冊》（*The
Fruit Manual*, 1860）曾多次再版。同一時期，大英果樹學會
（British Pomological Society）成立，其宗旨在於：

> 在英國領地推廣水果文化，特別要注意水果新品種的生
> 產，審查並報告其優點，並努力對大不列顛、歐洲大陸
> 和美洲的水果進行分類。

　　為什麼水果品種的世界一開始就像是一張糾結的網？雖
然水果種植者自中世紀以來就知道嫁接技術，但並不總是遵
守規則，反而是在需要新樹時，自己去取隨機發芽的蘋果、
梨、櫻桃或李的樹苗。如果他們喜歡這些植物，就會把它們
用作下一次嫁接的接穗。假使想像這個過程在許多不同地方

一次又一次發生，就能想像出各地不同水果類型怎麼出現的。大多數地方的品種不會被記錄在果樹學概要中。

法國和德國是果樹學先驅，北美地區對水果類型的深入研究直到 19 世紀中期才開始。很長一段時間，品種的產生多少出於偶然。有目的性的水果育種，亦即刻意用父本植株的花粉讓母本植株的柱頭授粉，一直到 20 世紀才實踐。

對水果品種的研究有時以奇妙的方式展開。德國下薩克森邦（Lower Saxony）神職人員暨果樹學家奧伯迪克（Johann Georg Conrad Oberdieck）聲稱嫁接了一棵能結出三百種不同蘋果的樹。奧伯迪克顯然是個極端的人，除了這個植物學上的法蘭克斯坦怪物，他還擁有四千棵不同種類的果樹，包括以他為名的蘋果：奧伯迪克皇后（Oberdieck's Rennet）。

在不列顛群島，像奧伯迪克這樣在一株植物上栽培多種水果的主張所產生的古怪結果被稱為「家庭樹」。與這種果樹學花招關係最密切的是曾擔任坎特伯里大主教文書的馬斯卡爾（Leonard Mascall）。早在 1575 年，他就為那些想「在一棵樹上嫁接許多種蘋果」的人提供建議。馬斯卡爾向他的讀者保證：「你可以在一棵蘋果樹上同時嫁接許多種蘋果，就像在每個樹枝上有特徵完全不同的水果，梨也是如此。」他同時還發出警告：「但你們要盡量注意，所有接穗都要差不多，否則會有一種長得特別好，把其他比了下去。」

霍斯勒（Carl Samuel Häusler, 1787–1853）是德國歷史上第一個用蘋果生產氣泡酒的人，他對於如何組織果園有著非常精確的想法，包括確切應該如何配置不同種類的果樹：它

右頁
無花果品種（白漢諾威〔White Hanover〕、白馬賽〔White Marseiles，原文如此〕、棕那不勒斯或義大利〔Brown Naples or Italian〕、紫、綠伊斯基亞〔Purple, Green Ischia〕，以及布蘭瑞克〔Brunswick，俗稱破布〕），1812 年

們不應該「近距離交替，更糟糕的是全部混在一起」。在他
的推論中，樹木「就像人一樣：家庭提供最多的愛，也是成
長茁壯的地方。因此，一塊地應該只種植蘋果，其他地區只
種梨，依此類推」。霍斯勒從未提出解釋支持自己的觀點，
但他確實對法國人將果樹樹冠修剪成不自然形狀的作法表示
不滿。他提到假髮在法國大行其道的情形時感嘆道：

> 難怪樹木也得戴上假髮。幾世紀來，我們已習慣了這種
> 形式，以至於現在會認為必須這麼處理，也一直維持著
> 同樣的慣例，儘管經驗告訴我們，這種作法有其缺點。

　　果樹學學者另一個成果豐碩的領域，在於確認常見樹木
疾病的治療方法。在《果樹栽培者：或建立果園科學的緊密
修剪與用藥系統》（ *The Orchardist: or, A System of Close Pruning
and Medication, for Establishing the Science of Orcharding*，1797 年
倫敦出版）一書中，巴克納爾（Thomas Skip Dyot Bucknall）
建議以腐蝕性昇華物（氯化汞）的混合物爲防腐劑和黴菌抑
制劑，杜松子酒爲殺菌劑和溶劑，瀝青爲防腐傷口密封劑。
美國哲學學會爲尋求桃潰瘍病治療方法提供 60 美元獎金
時，巴克納爾立即將書送到「大西洋對岸」，表示「很高興
如果這些原則……能改善美國水果的栽培」。索爾茲伯里
（William Salisbury）在 1816 年於倫敦出版的《給果園業主
和一般水果種植者的提示》（ *Hints Addressed to Proprietors of
Orchards, and to Growers of Fruit in General* ）中提供一些建議，

可視為回收製造廢料的早期範例：

> 能取得的可用肥料很多，如製糖商、製皂商
> 的廢料等，還有公牛的血和毛髮，海豹皮的
> 碎屑、骨粉，以及貨車潤滑油製造商廢料。

科比尼安・艾格納（Korbinian Aigner, 1885–
1966）肯定是 20 世紀最傑出的果農之一。這位
巴伐利亞牧師忠誠地盡著牧師職責服務會眾，此
外將所有注意力投注於水果的研究和種植，尤其
是蘋果。他認為水果種植是「農業的詩歌」。

艾格納是國家社會主義當權者的眼中釘。作
為有原則的保守派，他在政治上支持反納粹的巴
伐利亞人民黨（Bavarian People's Party），常抓住
機會警告法西斯主義的危險，無論是在自己服務
的錫滕巴赫鎮（Sittenbach）教堂講道時，或是在
其他地方。他違抗懸掛納粹旗幟的官方命令，以各種方式讓
自己越來越不受當權者歡迎。1939 年，戲劇性的轉折終於發
生，艾格納這位受人愛戴的會眾領袖，在附近學校教授宗教
課時發表批評性評論，被一名教師告發。艾格納因此被捕，
展開在監獄和集中營的艱難歷程。

1941 年，一群對政府持批評態度的神職人員被轉移到達
豪集中營（Konzentrationslager Dachau，納粹首個集中營）。
艾格納就是其中之一，他被分配到設置於達豪的一個研究機

上圖
蘋果育種者、巴伐利亞
牧師暨集中營倖存者艾
格納

右圖
艾格納（前排右二）和
神學院的同學，約1910
年

構，從事強迫勞動，進行藥用植物研究。在這段期間，他完
成了一項令人難以置信的壯舉：祕密地用以前收集的種子培
育出蘋果。艾格納將這些新品種取名爲 KZ-1、KZ-2、KZ-3
和 KZ-4，這些名稱反映出他當時所在位置，「KZ」代表德
文集中營「Konzentrationslager」的縮寫。他對 KZ-3 最爲滿
意，一個可以直接食用也能加工的品種，一名助手將成捆的
KZ-3 幼苗偷偷運出集中營。後來，KZ-3 被重新命名爲「科

比尼安」（Korbinian）。黨衛隊將集中營撤空後，一萬名囚犯踏上殘酷的行軍旅程，被送往南方。目標據說是奧地利厄茨山谷（Ötz Valley）的一個阿爾卑斯山要塞，但許多人在長途行進的過程中喪生。然而，艾格納是幸運的：他逃了出來，躲在一間修道院，保住自己的性命。

　　他對果園和園藝的熱情一直持續到生命的最後一刻，也為他贏得許多殊榮。他顯然很少談及自己在集中營的日子。

　　我們今天之所以能如此了解艾格納的工作，是因為他會在日常使用的紙板上畫下許多彩色插圖，全都是他研究的蘋果和梨。對他來說，這些圖畫只是作為參考，幫助他保持概覽，確保他能正確識別出不同的蘋果類型。

　　側視圖提供第一個決定性的數據點。果實是扁平的、球形的、半球形的、扁球形的、圓形的、圓錐形的、橢圓形的、截錐形的、圓柱形的、蛋形的、鐘形的、榲桲形的，或是香柑特有的形狀？鑑定的下一步是考慮底部凹口的形狀，即殘餘的花萼片形成的眼。最後但同樣重要的是，莖和周圍的空腔也提供寶貴線索。儘管如此，還有其他因素影響個別果實的外觀，問題複雜。標準尺寸樹木所結的果，與經過樹籬整形種在牆邊的同類型樹木所結的果看起來有些不同。海拔和土壤也會造成影響。當然，即使是同一棵樹上的兩個蘋果或梨也不完全相同，而且外觀隨著成熟每週變化。

　　二戰後，艾格納獲得近乎傳奇的地位，被稱為「蘋果牧師」。他創作的插圖成了世界上最包羅廣泛的蘋果和梨插圖收藏之一——這一點艾格納本人可能甚至從未意識到。總的

上圖

KZ-3，亦稱「科比尼安蘋果」，艾格納在二戰期間被關押於達豪集中營時栽培的四個蘋果品種之一

來說，他為巴伐利亞魏恩史蒂芬鎮（Weihenstephan）的水果種植研究所留下近千幅這樣的圖像，該鎮今日以小麥啤酒聞名於世。專家至今仍將艾格納的圖像視為水果分類的寶貴工具。當艾格納的生命走到盡頭時，另一個故事流傳了下來：他下葬時穿著他在集中營當囚犯時的那件破外套。以酸甜平衡的滋味聞名的科比尼安品種蘋果，至今仍在種植。

　　儘管有像艾格納這樣成功的例子，新的蘋果品種總是會受到質疑。演變至今，認為有些品種的培育是為了長時間存放和美觀，而不是什麼特別有趣的味道，這樣的想法是可以理解的。但是，也有一些品種有著尚待發現的故事、細微差別的香氣或不完美的形狀。在自家花園中，可以等到水果完全成熟再收成。如此一來，它就可能展現出最豐富的滋味，儘管果實上的斑點和蟲洞擾亂了我們完美無瑕的夢想。

　　談到水果時，梭羅對專家和科學家抱持懷疑的態度。他寫道：「我不相信這些果樹學學者的精選名單。」毫不令人意外，他對這些精心培育的水果有著苛刻的評價：「它們的味道相對貧乏，沒有風味或滋味可言。」反過來說，最不優

雅的水果也能激發出他的詩情畫意。談到羅馬的水果和果園
女神時，他寫道：「我在路上撿到一些長得不漂亮的蘋果，
它們的香氣讓我想起了波莫娜的財富。」

　　梭羅四季熱衷健行，知道如何穿過野生水果、野化水果
和栽培水果的邊界，找到「未嫁接蘋果樹的古老果園」。他
很熟悉蘋果在味道和香氣上的層次，即使它們早過巔峰時
期。隆冬時節，他偶會發現似乎值得考慮卻被遺忘的水果。

　　讓霜凍把它們凍得跟石頭一樣堅硬，然後再讓雨水或暖
　　冬的日子把它們解凍，它們就會以它們所懸掛的空氣為
　　媒介，獲得一種上天賦予的味道。

　　梭羅能讀懂大多數人認為微不足道而忽略的所有徵兆。
對他來說，一棵野蘋果樹就像一個野孩子——而且不是隨便
的野孩子，「也許是一個喬裝的王子」。當他宣稱「品嘗野
果需要野蠻人或野性的品味」，不難看出他真正的同理心所
在。他還建議，應該在野果生長的地方品嘗野果：

　　我經常摘採野蘋果，它們的味道如此濃郁辛辣，以至於
　　我納悶是不是所有果園栽培者都沒有從那棵樹上摘到接
　　穗，我也沒能把口袋裝滿了回家。但是，當我從書桌裡
　　拿出一顆野蘋果，在房間裡品嘗，我發現它的味道出乎
　　意料地粗糙——酸得足以讓松鼠咬牙，讓松鴉尖叫。

— 15 —

感官的果園

來吧，讓我們看著日落

在暮色中漫步穿過果園的綠意

——里爾克（Rainer Maria Rilke），《蘋果園》（The Apple Orchard）

水果與鮮花一樣，有著令人驚嘆的色彩和形狀，能以全新的方式激發我們的想像力。米蘭畫家阿欽伯鐸（Giuseppe Arcimboldo, 1526–1593）將這些特質運用於一個以水果為基礎的獨特藝術實驗：他不滿足於單純地描繪人臉，而是將水果和植物的其他部分加以排列，繪製成奇異的肖像。人們對這些「水果臉」的吸引力各有不同的看法，但它們背後的理念無疑是獨一無二的。

前面的章節曾提到中國的宏偉園林和十竹齋的柑橘類水果圖像。事實上，水果繪圖的實踐在中國高度發展，形成了

前頁

英國前拉斐爾派畫家米
萊（John Everett Mi-
llais）《蘋果花開》
（*Apple Blossoms*），
1858 年

自己的藝術形式。西方觀察者可能很難區分出中國非常典型
的杏、桃和李等水果，至少無法單純根據其描述來區分，因
為有些類型的果樹與桃和李有關係。儘管如此，還是有一位
以昆蟲研究聞名的英國博物學家穆菲特（Thomas Muffet）在
這個問題上提供了引導。他說：「杏是隱藏在桃的外衣下的
李。」面對這些水果帶來的困惑時，誰又能去爭辯呢？

　　1231 年，宋伯仁出版了《梅花喜神譜》。這裡描繪的主
角是梅（*Prunus mume*，俗名 Chinese plum、Japanese apricot）。
在一百幅水墨畫中，宋伯仁捕捉到梅樹開花從花苞發展到最
後一片花瓣落下之間的形形色色。每幅畫都附有一首詩，表
達揮灑創作的心境。墨色筆觸並不會創造出精確的圖像：重
點是傳達出植物的本質，而不是記錄它的每一個細節。

　　雖然畫水果此一行為本身有其價值，是一種沉思的實
踐，但它可能也會導致另一個更深入的研究，讓人想試圖了
解水果外觀對藝術家造成的情感衝擊。重要的是要停下來，
仔細觀察，並在紙上捕捉由此產生的聯想。如果我們檢視內
心，審視自己與果園的關係，我們想像中出現的圖像又會是
什麼樣的藝術呢？可以肯定的是，它必然是比果樹學學者的
精確插圖更能傳達出情感的東西。也許類似於英國作家暨園
藝家薩克薇爾—韋斯特所述：

　　　有些植物學家認為桃金孃與石榴實際上是有親緣關係
　　的。我不是植物學家，我只記得我在波斯入睡過的桃金
　　孃和石榴樹林。

　　基於許多描繪果樹和果林鮮明印象的藝術作品，將19世紀晚期至20世紀早期視為「果園的黃金時代」並不牽強。這些畫作大多展現出收穫季節的場景，但也有令人難忘的例外。對於畢沙羅（Camille Pissarro）或索羅亞（Joaquín Sorolla）這樣的印象派畫家來說，灑滿夏日陽光與花香的花園和樹林，與現代性的需求形成讓人欣然接受的對比：它們是避難所，是反思之地，是充滿感官印象的清醒夢境。

　　很少有藝術家像英國插畫家塔蘭特（Margaret Winifred Tarrant, 1888–1959）那樣，將傳統浪漫果園的夢幻色彩發揮到極致。翻閱她在《果園仙子》（*Orchard Fairies*）和《野果仙子》（*Wild Fruit Fairies*）等小書中的精采插畫，有一種神奇的效果，會讓你相信，果園裡住著數不清的精靈——半人

下圖

蘇格蘭畫家格思里（Sir James Guthrie）《在果園裡》（*In the Orchard*），1885/86 年

半蝶的小妖精——它們最大的樂趣莫過於在長滿果實的枝頭間跳躍嬉戲，從樹上摘下成熟的果實。

右頁

1889 年和 1890 年，梵谷在法國南部畫下的多幅橄欖林畫作中的兩幅

雖然塔蘭特的插圖引誘我們進入想像的世界，但果園繪畫也能更具象地推動社會議程。1893 年哥倫布紀念博覽會（Columbian Exposition，又名芝加哥世界博覽會）就展出一件這樣的作品：美國畫家卡莎特（Mary Cassatt）為婦女大廈（Woman's Building）的主展廳繪製了一幅大型壁畫。不幸的是，這件作品在時間的摧殘下消失了，只剩下一張不完美的照片。這幅三聯畫的中央面板描繪著十名婦女和女孩摘採各種水果的景象，題名為《年輕婦女摘採知識的果實》（*Young Women Plucking the Fruits of Knowledge*）。

在法國，有一片橄欖園的特色和悠久歷史受到發展帶來的威脅，吸引了畫家雷諾瓦（Pierre-Auguste Renoir）。1907 年，雷諾瓦買下這片橄欖園所在的小莊園。這座莊園名為「科萊特」（Les Collettes，「有小山丘的地區」之意），位於蔚藍海岸，距離尼斯不遠。這座古老的農舍有著飽經風霜的綠色百葉窗和陶瓦屋頂，周圍是風景如畫的葡萄園、橙樹和橄欖林。這裡的一百四十八棵橄欖樹呈半月形分布在一片草地上，就像一片梯田，讓樹木不會產生太多遮蔭。如此一來，其他植物就有足夠的陽光和空間生長。這些植物包括玫瑰、康乃馨和九重葛。還有氣味甜美的薰衣草：這整個地區都以薰衣草聞名，人們會在田野間採集薰衣草，供約 30 公里外的格拉斯（Grasse）著名香水廠使用。房子的入口附近有一棵洋楊梅（*Arbutus unedo*）。秋天成熟的洋楊梅果實確

實很像草莓，但味道卻遠不如草莓好。儘管如此，洋楊梅並不是科萊特莊園裡唯一一個要多看一眼才會恍然大悟的植物。莊園裡還有一棵樹番茄，它之所以如此得名，是因為橢圓形的紅色果實狀似番茄。雷諾瓦的兒子尚（Jean）還記得，莊園裡有棵樹既會結檸檬也會結橙，著實讓人驚奇。

　　雷諾瓦家族有溫室和冷床，讓他們四季都能種植花卉和蔬菜，培育幼苗和樹苗。葡萄和杏會做成果乾，檸檬、橙和柑則是整個冬天都留在樹上。檸檬甚至發展出一定的甜味。

──
右圖
果園裡的戀人，雷諾瓦
繪於 1875 年

雷諾瓦的妻子艾琳·夏莉戈（Aline Charigot）在香檳地區與
勃艮第地區之間的葡萄園長大，在科萊特負責管理葡萄樹。
他們生產的葡萄酒品質一般，家族成員偏好吃新鮮的葡萄，
而不是拿去釀酒。

雷諾瓦的工作室是坐落於橄欖樹與花園之間的簡樸房
舍，房子有金屬浪板屋頂，兩個方向都有大窗。棉質窗簾能
幫助他調節進入室內的光線。持續、令人平靜的蟬鳴成了他
工作時的背景音樂。從莊園可以看到上城卡涅（Haut-de-
Cagnes）這個沿著陡峭斜坡分布的中世紀村莊。整個地方可
說是取之不盡的靈感泉源。

他顯然特別迷戀橄欖樹的樹幹，這些樹幹幾世紀來經過
無數風暴和乾旱，形成不規則的形狀。他將枯萎的樹枝移
走，但除此之外任由它們自由生長，享受它們帶來的奇景。
這些樹看來就像一條變硬的熔岩河，其間空隙為開著小花的
香雪球提供理想的扎根地點。即使對雷諾瓦來說，畫這些樹
幹也是相當大的挑戰：

> 這橄欖樹真是個野蠻的東西。如果你知道它給我帶來多
> 少麻煩，一定會認同我的說法。這棵樹滿是色彩，這一
> 點也不是好事，那些小葉子讓我花了不少功夫！一陣風
> 吹來，樹的色調全變了。顏色不是在葉子上，而是在葉
> 間的空隙裡。

每到冬天，婦女和女孩就會在樹下鋪開床單，用長杆敲

右頁

盧米埃（Louis Lumière）
於 1907 年拍攝的第一
批彩色照片之一：蘋果
園試拍習作《撐傘的女
士》（*Lady With Para-
sol*）

打樹枝上成熟的黑橄欖。她們有時也會在花朵點綴的草地上
擺出模特兒的姿態，橄欖樹在她們身後形成模糊的背景。收
穫的橄欖運到村裡，用榨油機榨出油脂，雷諾瓦總忍不住把
第一批橄欖的油淋在溫熱的烤麵包上，撒點鹽享用。據說他
能從味道上辨別出來自自家莊園的橄欖油。

　　雷諾瓦偶爾會挑出單一的物體，如一顆蘋果或一個橙，
畫成小插畫。其他印象派畫家同樣被水果的孕育特質吸引。
塞尚（Paul Cézanne）有句名言：「用一個蘋果，我將震驚巴
黎。」而塞尚的蘋果畫確實載入史冊。他的《簾幔、壺與水
果靜物》（*Rideau, Cruchon et Compotier*, 1893/94）在 1999 年
以超過 6000 萬美元價格售出，成為史上最昂貴的靜物畫。

　　艾蜜莉・狄金生（Emily Dickinson, 1830–1886）不僅是
才華洋溢的詩人，根據我們對她生平的了解，她也是具有扎
實植物學知識的熱情園藝師。位於麻薩諸塞州阿默斯特市三
角街（Triangle Street, Amherst）的房子「家園」（The Home-
stead），是狄金生與家人的住所，至今仍然存在，但後來的
屋主曾經進行整修改造。狄金生時期的花園和菜園、溫室，
以及蘋果樹、梨樹、李樹和櫻桃樹，早就消失了。考古學家
花了數年時間逐層挖掘那裡的土壤，藉此確定花園在狄金生
時期的樣貌，試圖重現它早期的輝煌。同時，人們也在那裡
種起一片由傳統蘋果樹和梨樹的品種構成的小樹林，包括鮑
德溫蘋果（Baldwin）、威斯菲爾德不再尋蘋果（Westfield
Seek-No-Further）和冬香梨（Winter Nelis）。

　　狄金生生平的確切細節一直籠罩在神祕中，但我們知道，三十八歲時，她不再參加教堂禮拜。她就此寫下了一些讓人難忘的詩句，而果園對她的重要性亦不言而喻：

　　　　有人遵守安息日去教堂
　　　　我守著這個日子，待在家裡
　　　　用一隻長刺歌雀作唱詩班
　　　　還有一個果園，作為穹頂。

　　其他作家也注意到果園的象徵意義。俄羅斯劇作家契訶夫（Anton Chekhov）選了一個被櫻桃園包圍的鄉村莊園作為他最著名悲劇《櫻桃園》（*The Cherry Orchard*, 1904）的背景。雖然契訶夫虛構的果園非常壯觀，但這些樹已經結不出任何果實。負債累累的貴族業主仔細考慮了他們的選擇：何不把

樹砍掉，建造租給夏季遊客的度假小屋？最後，果園確實遭遇這個悲慘的命運——就像那些貴族家庭，失去在俄羅斯社會扮演的角色。櫻桃樹的消失代表一種生活方式的喪失。

果園帶給那些擁有果園或在其內辛勤勞作的人的回報，遠遠超過果實所帶來的經濟利益。我們在第六章提過勞森，也就是 17 世紀一本園藝暢銷書的作者。他承認，他的果樹吸引的鳥兒和牠們唱的歌，就他所享受的果園樂趣而言，幾乎與水果本身一樣重要：

> 我不能忽略讓果園生色的主要魅力之處：一群夜鶯，牠們能唱出好幾個音符與曲調，用脆弱的身體發出強勁悅耳的聲音，日夜陪伴著你。她打從心底熱愛著自己居住的樹林。她會幫你清除樹上的毛毛蟲，以及所有害蟲和蒼蠅。溫柔的知更鳥會幫助她，在冬天寒冷的風暴中則會分開。傻乎乎的鶇鶘在夏天也不會落後，用她獨特的口哨（像一個甜美的錄音機）來振奮你的精神。
>
> 在 5 月的早晨，烏鶇與歌鶇高聲歌唱（儘管我認為歌鶇不是在唱歌而是在吞東西），聽來極其悅耳，如果你有成熟的櫻桃或漿果，你就不會需要牠們的陪伴，而且會覺得其餘鳥兒一樣可以為你帶來樂趣：但我寧可要牠們的陪伴，而不是水果。

後來，美國詩人普拉特（John James Platt）對比了 19 世紀城市生活無止境的喧囂——「無數車輪的轟鳴聲、錘子的

撞擊聲、腳步的踐踏聲，所有忙碌人群的聲響和聲音都在我
們耳邊迴盪」——與鄉村的寧靜，「果園裡紅潤金黃的成熟
果實」和「滿是半醉蜜蜂的蘋果酒廠」。

　　誰不想在溫暖的夏日午後，坐在老果樹下乘涼，也許還
能讀本書？（或許甚至是這本書？）對許多人來說，果園喚
起對童年無憂無慮時光的回憶。在蘋果樹下玩耍，迫不及待
地等待果實成熟。總有人忍不住咬一口還沒成熟的酸蘋果。
等到夏天接近尾聲，空氣中也會瀰漫著成熟水果的香氣。

　　眾多將果園譽為寧靜之地的人中，沒有人寫得比吳爾芙

下圖
英國畫家摩根（Frede-
rick Morgan）《採蘋果
的人》（*The Apple Ga-
therers*），1880 年

（Virginia Woolf）的《在果園裡》（*In the Orchard*）精采：

> 米蘭達睡在果園裡，她是睡著了還是沒睡著呢？她的紫
> 色洋裝伸展在兩棵蘋果樹之間。果園裡有二十四棵蘋果
> 樹，有些微微傾斜，有些筆直生長，樹幹向上延伸，伸
> 展出樹枝，形成或紅或黃的圓形水珠。每棵蘋果樹都有
> 足夠空間。天空與樹葉完全相稱。微風吹來時，靠牆的
> 樹枝稍稍傾斜，然後回到原位。一隻鶉鴒從一角斜飛到
> 另一角。一隻鶇鳥小心翼翼地朝著一個掉落的蘋果跳了
> 過去；從另一面牆上，一隻麻雀在草地上振翅。樹木的
> 湧動被這些動作牽制著，全被緊緊壓在果園的圍牆內。

　　無論是秋天結實纍纍的果園還是春天鮮花盛開的果園，
都令人神往。奧斯博・西特韋爾（Osbert Sitwell, 1892–1962）
是英國傳奇怪才詩人伊迪絲・西特韋爾（Edith Sitwell）的大
弟，他憶起 1934 年一位王子在北京舉行一次盛大「遊園會」
的細節。這次聚會的目的是爲了欣賞盛開的海棠。當時的條
件非常好，因爲：

> 這一年的時間過得如此之快，你幾乎可以聽到蘋果、榅
> 桲和紫藤的樹枝因為它們所包含的生命力而吱吱作響，
> 幾乎可以看到黏稠的花蕾第一次出現，然後展開，綻放
> 成散發著香氣的杯狀、舌狀和塔狀花朵。

年紀較長的賓客抵達並從人力車上下來時，他們看到的
花園是：

幾乎無邊無際……在花園冠以黃色瓦片的圍牆之內，是
古老的柏樹林，蕨葉般的樹葉排列在空中，彷彿一層藍
綠色的煙霧，那兒有 18 世紀的水上花園，這些水上花
園現在已經乾涸，長滿了野花，那兒也有下沉花園，樹
幹粗糙扭曲且長滿節瘤的老果樹在裡面蓬勃生長，讓它
們的主人引以為傲。

上圖
美國印象派畫家塔貝爾
（Edmund Charles Tar-
bell）《在果園裡》（In
the Orchard），1891 年

客人不僅僅是單純欣賞風景，也仔細觀察這裡的花朵：

這些老人慢慢地、費力地沿著鋪石的彎曲小路朝著這些
樹木蹣跚前行。抵達這些樹的時候，他們被引導走上一
小段石階，這些石階的造型，除了露出來的地方，看起
來就像是從草皮裡冒出來或從天而降的天然岩石。這些
台階的頂部與樹頂齊平，因此被放在蘋果、梨、桃、楹
梓和櫻桃附近，如此一來，鑑賞家就可以欣賞到花開的
完美視野。即使是對一個不了解中國花草知識的新人來
說，從每一個不同的平面上看，台階所對應的樹木特殊
景觀也會讓人看到一個全新的世界。

西特韋爾還說，就位之後，他們花了一小時賞花，比較
它們的顏色和香氣與前一年的差異。之後，他們才慢慢往前
走，享受樹木和整片樹林的景觀。

然而，雖然果園是個讓人平靜的、浪漫的、可以消磨時
間的地方，但它們的主要目的是生產水果。要使用所有豐收
的果實是一項艱巨的工作，收穫和加工水果的工作以不同的
方式吸引著人們的感官。瑞典畫家拉森（Carl Larsson, 1853–
1919）回憶起 1904 年大豐收所帶來的挑戰：「從仲夏開始，
我們必須把樹枝撐起來，以免它們因為逐漸成熟的蘋果的重
量而折斷，管它是叫作阿斯特拉罕品種（Astrachan）、格拉
文斯頓品種（Gravenstein）還是其他名稱。」產量如此之大，
以至於一家人「幾個月來日夜不停地吃著……蘋果醬和蘋果

上圖
畢沙羅《蘋果豐收》
（*Apple Harvest*），
1888 年

果凍」──甚至到讓他們渴望吃香蕉和椰棗的程度。

　　大多數照料果園或偶爾造訪果園的人都不是傳統意義上的「藝術家」，但他們與樹木和水果之間經常存在的緊密聯繫仍然可能以禁得起時間考驗的方式表現出來。言論、故事、迷信──這些都是一代又一代的「日常藝術家」留給我們的藝術品。有時我們不可能確定它們傳達的訊息是否有經驗現實的基礎，但即使沒有，它們仍然對人們的想像力產生影響，形成故事的基礎，供人們反覆講述。許多例子來自中歐，儘管確切起源已佚失，但它們肯定有幾個世紀的歷史。

　　這些文化遺跡指向一種信念，即果樹是有意識的生命，應該受到照護和尊重，而作為古老觀念的延續，花園為神的住所。人們認為，樹木在一年中的發展與他們自己的生活是平行的，而且特殊作法可以影響樹木的生長和結果的數量。歐洲德語區的幾個例子讓我們感受到這種實際的魔法。

在平安夜大吃大喝後，最好把廚餘和堅果殼帶到果樹邊「餵」它們。蘋果樹的主人在 1 月 6 日主顯節或「耶誕節的第十二天」要履行非常具體的職責：他們得用油炸餡餅把嘴巴塞滿，親吻著樹並說：「樹啊！樹啊！我給你一個吻——你要長得跟我的嘴一樣飽滿。」在耶誕夜、新年前夕或元旦等冬季節日，用稻草包裹樹木也很常見。有些研究人員認為，這種作法是早期素祭的遺跡。在特定節日搖晃、擊打或敲打樹木，也被認為是為了鼓勵它們結出更多果實。讓樹木「保留」10 的倍數的果實，祝它們新年快樂，或在荒蕪的樹上掛一根骨頭，讓它感到羞愧而增加生產，真的有用嗎？

當一棵年輕的樹結出第一批果實時，摘採者應確保將所有的收成放在一個大籃子裡，讓這棵樹看看它的主人對未來幾年的期望。另一個確保未來收穫的方法，是把一些水果送出去，尤其是送給孕婦。同時，德國巴拉丁地區（Palatinate）的人認為，孕婦種的樹不會結果。

英國有一些獨特的風俗，包括「嚎蘋果」。簡言之，孩子們用棍子敲打樹木，唱著傳統新年歌謠的變奏版，以便趕走邪靈。不過真的是這樣嗎？民族學家懷疑，這種作法最初的目的是為了嚇出在樹上冬眠的害蟲，讓鳥兒能吃掉牠們。

果園顯然是傳統、習俗和故事的寶庫。它們真的該被排除到我們財產的邊緣，好像它們不配在家庭生活的中心享有榮譽的位置？固執己見的科貝特（William Cobbett）在《英國園丁》（*The English Gardener*, 1829）一書中，曾對這個問題表達非常熱烈的觀點：

我看不出有什麼理由要把蔬果園放在偏僻的地方，遠離
大宅，好像它只是一個必要之惡，不值得主人去看似
的。在結實纍纍的季節裡，有什麼比一棵掛滿櫻桃、桃
或杏的樹，尤其是後兩者，更漂亮的東西呢？奇怪的
是，人們用這些美麗水果的仿製品來裝飾他們的壁爐，
卻對掛在樹上的原物，以及優雅地伴隨一旁的繁茂樹
枝、花苞和葉等絲毫不以為然。

最後要一提的是，講到有關被遺忘果園的書籍，絕對不
能不提義大利彭納比利（Pennabilli）的「被遺忘的果園」
（Garden of Forgotten Fruits）。這個神奇的地方位於佛羅倫斯
與聖馬利諾（San Marino）之間，曾經屬於耶穌寶血修會。
它保留了亞平寧地區的果樹——蘋果、梨、榲桲、櫻桃和歐
楂——避免它們從記憶中消失，甚至完全失去。此外，花園
裡還有一些日晷、鴿籠、雕塑和當代藝術家作品。這裡有一
個特別的亮點：「被遺棄聖母像的庇護所」，收藏了許多赤
陶和陶瓷的瑪麗亞塑像。不難想像，這些曾被供奉在鄉村十
字路口聖祠的聖母塑像，為了逃避人類的忽視與我們這個時
代的罪過，退避到這個寧靜的地方。這裡就像是位處現代世
界邊緣、充滿水果的夢幻聖土。

— 16 —

回歸水果的
野生方式

在過去，水果種植意味著僧侶在僻靜的修道院花園裡悉心照料果樹，這樣的日子早已一去不復返。如今，超市裡銷售的大多數水果都不是浪漫樹林的產物，而是來自大型種植園。這些種植園的運作多少就像工廠一樣，其目標是生產大小和味道一致的水果，並盡可能長時間保持新鮮。在許多情況下，水果甚至可以在成熟之前就採收。我們還應該記住，對於熱帶地區以外的人來說，20世紀中期之前，新鮮水果和蔬菜在冬季與春季的短缺屢見不鮮。增加新鮮水果的供應需要長途運輸的配合，而且要在控制氮氣的環境中儲存，才能防止水果變質。現在，我們很多人能有許多選擇。例如，儘管北半球的石榴要到9月才能成熟，但那裡的消費

者還是可以在夏天買到石榴，因爲這些石榴是從南美空運過去供當地超市銷售。當然，這種作法也有額外的生態成本。

　　現在市面上的很多水果甚至不是字面意義上的水果：只要想想無籽葡萄和無籽橘子就知道了。有著宏偉樹冠的高大果樹也正在消失。現代農業方法和設備的設計，考慮的是更結實小巧的種植品種，這些植物更容易照料，也帶來更大、更高品質的產量。

　　這樣的發展可以被形容爲「矮化」。如果走過現在的蘋果農場，你會看到一排排結構單薄細長的蘋果樹，每一株都只有一個主枝。蘋果本身掛在從這個中心軸伸出的水平短枝條上。這種高度密集的種植方式，與 19 世紀或 20 世紀的傳統果園概念幾乎沒有共同之處。在前文中，我們曾提到過去園丁如何栽培果樹，讓它們長在牆上。現在，所謂「果牆」代表著完全不同的東西，是將樹木緊密種在一起並用機械修剪而成的狹窄樹籬。這種作法的目的是爲了節省空間，並利用拖拉機修剪樹木來節省勞力，如此一來，水果就能以低廉的價格在市場上銷售。

　　這樣的方法是否代表水果種植的最高效率，或者還有可能更進一步呢？1960 年代中期，來自加拿大英屬哥倫比亞基洛納（Kelowna）的安東尼・維希克（Anthony Wijcik）以一項驚人的園藝創新而轟動一時。他的女兒溫蒂（Wendy）在一棵五十年樹齡的「旭」品種（McIntosh）蘋果樹上發現一個突變：一個枝條並沒有逐漸分枝形成更細的樹枝網絡，而是直接在短距（小刺狀芽）上結出水果。由這種突變產生的

──
前頁
手工摘採仍然是收成蘋果的最佳方式，20 世紀中期

「柱狀」蘋果樹稱為「維希克旭」品種（Wijcik McIntosh），
其果實大而深紅，但不幸的是味道不是特別好。

　　在英格蘭肯特郡的東馬林研究站（East Malling Research
Station），維希克旭品種被拿來與英國的考克斯橙皮品種
（Cox's Orange Pippin）和法國的皇家短柄品種（Court Pendu
Plat）雜交，培育出一種稱為佛朗明哥（Flamenco）或芭蕾舞

下圖
收成蘋果曾是一項社群
活動。地點不詳，色彩
是後來上色的

伶（Ballerina）的觀賞性蘋果樹。這個品種的植株小到可以種在陽台上，但蘋果相對容易生病。接下來的發展是所謂的「尖塔」（Minarette），它並不是特定的品種，而是保持樹形窄小的修剪方式。纖細的柱狀樹夠小，一個大陽台就可以容納整座「果園」。

其他實驗涉及現有水果種類的雜交。這些名稱有時得適應一下才能習慣：杏與李雜交出來的是「杏李」（aprisali），桃、杏與李雜交出來的是「杏桃李」（peacotum）。從遺傳學角度來看，「蜜李」（pluot）的李血統更多，但也包含其他元素。

還有，「宇宙脆」品種蘋果（Cosmic Crisp）是否真如《紐約時報》所稱，是「未來最有前途的重要蘋果品種」？無論如何，這種二十年前在華盛頓州立大學（Washington State University）培育出來的蘋果品種，以其風味和較長的保存期限而贏得這個稱號，目前華盛頓州的所有果園都在致力種植這種蘋果。整個美國的蘋果收成有三分之二來自華盛頓州。最近的統計數據顯示，十五個蘋果品種占了總產量的九成，以最常見的五爪蘋果（Red Delicious）為最。

在過去，情況完全不同。數世紀來，美國估計種植了一萬七千個蘋果品種，但一萬三千個品種已經消失，同時消失的還有從前幾乎遍及各個地區的家庭果園。英國作家暨果樹學家尚德（Philip Morton Shand）在 1944 年寫道：「那些品嘗過這些蘋果的人在講到它們的時候，眼睛閃閃發光，滿懷崇敬，倍感喜悅地吸了一口氣。」他指的是薩默塞特波默羅

伊（Somerset Pomeroy）和維克宮廷（Court of Wick）這兩個
倖存下來的蘋果品種。難道這一萬七千個品種的蘋果，每一
個品種都有獨特的味道嗎？也許沒有，但肯定有許多難以形
容的感覺已經永遠失去了。大型水果生產商傾向專注於甜蘋
果，但人們對味道更複雜的蘋果品種又開始有了興趣。有著
有趣酸甜滋味的古老英國品種亞靈頓磨坊（Yarlington Mill）
和黑金斯敦（Kingston Black），只是其中兩個例子。

　　當我們為大眾消費和審美的完美而培育水果時，我們到
底失去了什麼？在《桃樹輓歌》（*Epitaph for a Peach*）一書中，
大衛・增本（David Mas Masumoto）生動地描述果農在種植
當下特別流行的水果品種時，承受著什麼樣的壓力。無論果
園經營者多麼欣賞某種類型的水果，他們可能不得不改種另
一個品種，也許僅僅是因為消費者覺得新的唇膏紅比傳統的
黃色（或增本喜歡用的「琥珀金」）更吸引人：

> 　　我最後幾株陽冠桃即將被挖起來。一台推土機將會開進
> 我的田裡，把每棵樹從土裡扯出來，扔到一邊。折斷樹
> 枝與劈開樹幹的聲音將在鄉間迴盪。我的果園會輕易地
> 倒下，被柴油引擎的力量吞噬，而且事實上似乎沒有人
> 想要味道美妙的桃子品種……
> 　　陽冠桃是僅存真正多汁的桃子品種之一。當你用冷水清
> 洗這個寶貝時，你的指尖會本能地尋找水果最多汁的一
> 面，這讓你垂涎欲滴。你俯身在水槽上，確保果汁不會
> 滴到自己身上，然後張嘴咬一口果肉，汁液順著你的臉

頰淌了下來，懸在下巴上。扎扎實實咬一口，這是一種
原始的行為，一種神奇的感官慶祝，宣告夏天的到來。

　　這樣的故事顯示出努力保護基因多樣性的重要性。英國
國家水果收藏中心有著命運多舛的歷史，也曾經遇上幾乎關
閉的危機。但它一直延續至今，而它所在的布羅格代爾農場
擁有令人眼花繚亂的水果品種：兩千兩百種蘋果、五百五十
種梨、兩百八十五種櫻桃、三百三十七種李、十九種榲桲、
四種歐楂，加上四十二種堅果（主要是榛果）。該中心的專
家與專業水果種植者分享他們的專業知識。一些地方的水果
競賽，特別是英國和美國，會推廣較鮮為人知的水果品種。
有些研究中心則會舉辦品嘗活動，讓參觀者識別出個人的最
愛。例如，加州戴維斯（Davis）國家無性繁殖種源保存園
（National Clonal Germplasm Repository）的普里斯（John Preece）
定期提供石榴和柿的樣本，其選擇範圍之廣令人吃驚。

　　在許多國家，不僅水果品種得以保存，而且人們重新燃
起對小型果園的興趣。這些園丁沒有將精力放在從每塊可用
土地榨取最大利潤，而是被更偉大、更有意義、甚至更美麗
的想法所驅策，這不是單純能用金錢來衡量的。

　　人們很容易愛上這種規模更小、更容易理解的果園。對
於照料這些果園的人來說，水果不僅僅是達到目的的一種手
段。在大型果園工作是光榮且重要的，畢竟，現在世界有幾
十億人口，他們需要吃東西。但根據定義，這些設施缺乏早
前世代與水果打交道時必然經歷的那種魔力。

上圖
裂開的石榴放在一邊作
為雞飼料，土耳其博德
魯姆

　　如今，似乎沒有什麼可以限制小型果農的創造力。在土耳其愛琴海岸著名度假小鎮博德魯姆（Bodrum）附近奧塔肯蒂亞希（Ortakentyahşi）的一座花園裡，主人希拉（Ali Cila）向我解釋，他可以藉由穿插種植石榴與橄欖樹的作法來增加收成。當他如此徹底相信這種方法管用時，誰還會去反駁他呢？希拉還喜歡在同一棵樹上種植兩個石榴品種，一是甜石榴，一是酸石榴。裂開無法出售的果實成為雞飼料，讓牠們用石榴種子填飽肚子。不管有意無意，他都在延續時間可以追溯到幾千年前的傳統：把不適合人類食用的果實餵給家畜或野生動物。例如，養在圍欄裡的鹿，在風向對的時候很快就能聞到蘋果的味道，然後循著誘人的香氣找到它的源頭。

　　德國巴伐利亞西北部的下弗蘭肯地區（Lower Franconia）──主要以葡萄酒聞名的地區──有一座不尋常的果園，名為「穆斯特亞」（Mustea）。它的主人維圖爾（Marius Wittur）致力於研究榲桲樹，尤其是目前正面臨消失危險的傳統栽培品種。第一次聽說這座果園時，我很驚訝那裡居然

能找到這麼多榲桲樹。但近年來，這種水果越來越受歡迎。也許人們越來越欣賞它不那麼甜的味道，或是懷念起這種樹——以及歐楂和桑椹——比今日更普遍的時代。在葡萄牙，這種迷人的水果稱為「marmelo」，我在那裡第一次嘗到名為「marmelada」的榲桲糕，當地人將它切片，搭配乳酪享用。雖然大多數榲桲的口感很硬，無法生食，但土耳其有一個深黃色品種，你幾乎可以像吃蘋果一樣咬下去。

重新培育這種「失落的水果」的努力已經值得慶祝，但我對這個德國計畫了解得越深入，它就變得越有趣。首先，這些樹是按照有機農法的原則種植的。這個想法是要集中精力培育出健康的樹木，而不是將可能的收成提升到最高。這意味著樹木的生命力是目標，隨著生命力增加，水果的品質也會提高。這座農場甚至不使用人工灌溉，而是透過大範圍園藝工作的形式來照護果園，認為應讓土壤裡自然含有的水分來決定果實的大小和生長。這種方法被認為是濃縮榲桲香味，讓它展現出真實香味的唯一途徑。

然後，又有了加入食草動物的想法，這樣就不需要修剪樹下的草。這種溫和控制樹下植物生長的方式，具有許多正面的生態效益。科堡狐羊（Coburg Fox）是近年來再次引起關注的古老品種，牠似乎是個不錯的選擇：牠們從前生活在植被稀疏的高地，從氣候學的角度來看，與弗蘭肯地區類似。幼年的科堡狐羊尤其與眾不同：出生時的毛色從金黃到紅棕不等。但牠也有一個其他所有同類都有的優勢：傳說中的「金蹄子」。這個聽起來詩意十足的詞彙是說，牠們的蹄子

讓牠們在土地上輕盈地行走,不會明顯將土壤壓實。牠們啃食草葉,不會像馬那樣將一整叢扯下來嚼,這種行為也是有益的。種植水果的原則也適用於羊群:羊毛品質和產肉量受到的關注少於活力、蹄部發育和行為等,農民決定如何照顧動物時,最關注的是後面這些因素。

現在,在其他地方成為罕見景象的植物和昆蟲,已經在果園裡住了下來。兩種值得稱讚的努力和諧共存。面臨滅絕的梯梓品種正捲土重來,而一個古老的綿羊品種則在農業年度的節奏中苗壯成長和繁衍。植物相與動物相以一種新的關係共存,為農業的美好未來指明了方向。

梯梓樹占地 8 公頃,約有一百個品種——果園員工口中的「大雜燴」——據說是整個歐洲最龐大的收藏。由於各個品種的成熟時間不同,檸檬黃的果實從 9 月底一直收成到 10 月最後一週。這些果實可以用來釀製各種葡萄酒,還能做成利口酒、果汁、糖漿、果凍、果醬和梯梓麵包。有些羊肉製作成用梯梓調味的羊肉香腸。

英國也有人採取類似的作法,將最早在德國用於聖誕樹農場、體格健壯的雪洛泊夏綿羊(Shropshire)引進釀酒蘋果果園。這些動物以性格平靜溫馴聞名。牠們通常待在樹木之間的小徑裡,而且只要飲食均衡,牠們就不會去啃樹皮。牠們可說是很棒的割草機,既可以讓草不要長太高,還能提供新的收入來源。而且,牠們在秋天會吃掉落葉,還可能減少蘋果黑星病發生,這種疾病是由在樹下地面過多的孢子所引起的。其他品種的羊可能適合不同的環境,例如古英格蘭寶

上圖
英格蘭東南部肯特郡果
園裡的綿羊

貝羊（Olde English Babydoll）可保持草長度而不啃食葡萄葉。

　　在現代水果種植中使用綿羊，只是果園與動物之間長期關聯性的一個例子。在本書中，我們看到大大小小的動物如何在果樹栽培或果核和種子的傳播中發揮重要作用。在早期，野馬和駱駝吃了水果，然後在遙遠的地方排泄出無法消化的種子或果核。猴子過去（現在也是）經過訓練後，會爬到高高的樹上，摘下人們搆不到的果實，並將果實交給正在等待的人們。蜜蜂將花粉運送到花叢中，牠們的活動增加了水果的收成。果農也引進昆蟲來對抗害蟲，而雞、鴨、鵝等也能發揮一定的作用。不過這些鳥類，尤其是鵝，可能為樹苗帶來危險。果園照護者必須仔細思考，想想要引進哪些家

畜。順帶一提，狗似乎可以帶來一個有趣的好處：科學家發現，狗可以嗅出黃龍病，又稱立枯病或維綠病，這是一種由木蝨傳播的致命細菌感染。

今日的果園主借鑑歷史的同時，繼續突破極限。有時他們將果園種在最不可能的地方。克拉米特霍夫（Krameter-hof）就是這樣的果園，它位於奧地利的中心地帶，薩爾茲堡東南方約 160 公里處。它沒有窩在保護性的山谷之間，而是坐落於海拔 1100 公尺至 1500 公尺的土地——這種地方通常是散落著雲杉的貧瘠之地。教科書告訴我們，果樹不可能在海拔超過 1000 公尺的地方生長，但這個例子證明教科書是錯的。驚奇的遊客可以看到一株長滿成熟果實的米拉別李樹，還有蘋果樹、梨樹和其他李樹。農場主霍爾澤（Sepp Holzer）甚至種了奇異果，而且是五種不同的品種。雖然聽起來很不可思議，果園裡確實種了一萬四千棵果樹。你看看：那裡有棵橙樹，樹上居然掛著幾顆成熟的橙。

霍爾澤到底是如何在這個氣候條件不利於水果生長的高海拔地點，種植來自南方的水果呢？他首先選了一個不會吹風的凹陷地區作為植樹地點。然後，利用他所謂的「磚石爐效應」（masonry stove effect），在該處放置大石頭來儲存太陽的熱能。霍爾澤解釋道：「石頭會『流汗』，水凝結在石頭下方。」他的實驗方法為他贏得「農業先鋒」和「農業反叛分子」的稱號。根據霍爾澤的說法，「這些潮溼的地點適合蚯蚓生活，蚯蚓會為植物提供養分。我把需要大量溫暖的植物，如橙樹或奇異果樹，種在這些『陽光陷阱』裡。」

霍爾澤採用的基本原則，是利用植物、動物與物理環境相互作用的方式。他在 1962 年從父親手中接管農場，開始徹底改變坡地的布局，創造出帶有複合池塘的梯田。從那時起，農場一直由他和妻子薇若妮卡（Veronika）經營。他們根據自己非常特殊的理念來照顧這些樹木：

> 它們都是自己就能存續的樹木，不需要修剪。因為當你修剪樹木——我從一個訓練有素的苗圃工作者的角度來說——你就必須一直修剪下去。它們會變得依賴且沉迷於此。這樣的樹在這裡是沒機會的。

他的成功說明了一切：他把樹木賣給德國和蘇格蘭的買家，而且年復一年，遊客在秋天蜂擁而至，到克拉米特霍夫摘採水果。

離霍爾澤的農場僅一箭之遙——至少對那些以北美思維來思考的旅行者來說——就是南提洛（South Tyrol）和義大利最北的橄欖園。這裡種植了許多不同的橄欖品種，但總體印象與「橄欖園」一詞通常讓人聯想到的景象並不一樣。這裡的數百棵橄欖樹生長在山坡上，在幾乎垂直的斑岩凹壁裡。採收橄欖顯然是相當大的挑戰。之所以選擇種在埃伊薩克河（Eisack river）河岸旁，是因為這裡有遮蔽且特別溫暖。

這些橄欖樹屬於安特甘茲納農場（Unterganzner），農場位於波札諾鎮（Bolzano）上方，海拔高達 285 公尺。自 1629 年以來，它一直屬於同一個家族。1980 年代，農場首次種

植橄欖樹,當時的農場主邁爾(Josephus Mayr)為了實現自己的夢想而種下這些樹。許多鄰居認為這個想法很愚蠢,而當邁爾在 1986 年的嚴冬中損失了成千上萬的橄欖後,他們更加確信自己的想法。然而,邁爾現在每年都能收穫約 2 公噸橄欖。由於氣候變化,這些橄欖比幾十年前早了十至十四天成熟。邁爾對自家橄欖油溫潤順口的風味感到自豪。同時,橄欖園實際上只是他的愛好;他的主業是依傳統方法經營葡萄園,不使用殺蟲劑或合成肥料。但他喜歡看到長青的橄欖樹,以及它們在冬天與沒有葉子的葡萄藤形成的對比。山坡上也種了蘋果、無花果、堅果和栗。但此時此刻,這應該也不足為奇了。

果樹可以生長在其他可能料想不到的地方。令人驚訝的是,挪威一些峽灣提供幾乎理想的種植氣候,這裡種植的主要是釀酒蘋果。這個國家最長最深的峽灣松恩峽灣(Sogne-efjord),就是很好的例子。雖然那裡的生長期很短,但有夏季的長日照和特殊的微氣候(可說是「氣候綠洲」)作為補償,微氣候也保護花朵免受霜凍。當然,如果沒有墨西哥灣流帶來的溫暖,這些優勢都無法為水果種植創造出適合的條件。畢竟,松恩峽灣與格陵蘭島南端、育空地區和安克拉治處於同一緯度。

在關於櫻桃的章節中,我們談過蜜蜂在果園扮演的重要角色。安達魯西亞的一些水果種植者甚至更進一步,將昆蟲融入他們的農場。他們發展出一種防治蚜蟲的妙方:在一行行的樹旁設置木箱,作為蜘蛛的「旅館」,而蜘蛛是蚜蟲的

上圖
石製蜂箱

天敵。如此一來，果農至少能部分減少殺蟲劑的使用量——
而更少的殺蟲劑意味著更多有益的各種昆蟲。

如果恢復傳統水果種植方法的農民和果園經營者是「反
叛者」，那麼我們應該如何稱呼那些在世界各地的城市中，
真正把果園帶到街頭的城市活動家呢？夢想著都會果林的存
在，這些嫁接游擊隊（guerrilla grafter）將果實的接穗嫁接在
原本只有純裝飾作用的城市樹木上。這種作法在某些地方就
技術上而言是違法的，因為掉落的果實可能為人行道帶來風
險，並吸引有害的齧齒動物和昆蟲，甚至可能被認為是蓄意
破壞。嫁接游擊隊為自己辯護，表示會照顧這些樹木，確保
它們茁壯成長，不會造成任何傷害。在舊金山、洛杉磯、費
城、溫哥華和其他北美城市的許多社區與城市果園中，還可
以找到另一種直接將水果帶進社區的「更溫和」形式。

我們有許多理由可以慶祝果園回歸其作為自然和文化資
產的應有地位。人們普遍對「像過去一樣」的果園和水果懷
抱著渴望，這肯定是因為我們的世界已經有太多地方被瓜

上圖
在路邊收穫豐碩果實，
19 世紀晚期

分、被鋪砌了。大自然受到驅趕，或完全被破壞，她曾經熟悉的面貌已經消逝。因此，那些老樹依然屹立的果園被認為是寶貴的資源。卽使是已經死亡的樹木，有時也會刻意被留在原地，為昆蟲、蜘蛛、蜈蚣和其他小生物創造成長繁衍的場所。野生樹籬、成堆的樹枝和石頭、甚至是閒置的地塊，都為較大型的動物如狐狸等提供了家園，而這些動物藉由控制可能破壞樹根或樹皮的小型齧齒動物來回報。

　　世界各地都有慶祝水果開花的傳統活動，它們現在有了新的狂熱者，那些人湧向果園，一起緬懷「美好的往日時光」。有著古老異教起源的五朔節是英國和愛爾蘭的節日，它扮演著特殊的角色，讓人們意識到果園裡一年間重複出現的循環：它在 5 月初舉行，從人們眼中的聖木所堆疊成的篝火開始。無論對個人或社區來說，節奏較緩慢的小型果園，在過去與現在，所帶來的遠遠不止於水果。

一個新的開始

有著高聳椰棗樹和其下較小果樹生長的綠洲，可能是這個世界上最早的「果園」。有些綠洲至今仍存在，在某些層面有了徹底的改變，其他部分則沒有顯著變化。要確定最早的綠洲在哪裡開始和結束，並不總是可能的。本質上來說，那裡的生活變化不大，儘管現代發展確實留下了它們的痕跡。當然，與四五千年前相形之下，輸水管線的材料不同，工作組織也更有效率。現在，在阿拉伯半島維護椰棗林的工人大多來自印度、孟加拉和巴基斯坦。他們乘著吉普車而非駱駝穿越沙漠。抽水機的效率更高，從深海抽上來的水——以及在岸邊海水淡化廠大量處理的水——讓綠洲周圍的耕地面積快速擴大。

椰棗仍然是許多人的主食。內夫塔（Nefta）和托澤爾（Tozeur）是突尼西亞南部傑里德地區（Bled el Djerid，字面

意思爲「棕櫚葉」）的綠洲，位於靠近阿爾及利亞邊境一個
相對容易到達、景觀多樣的地區。它們的地理位置可以遮蔽
北風，而且含有許多天然泉水。除了椰棗之外，這些綠洲還
種了橄欖樹、橙樹、無花果樹、杏樹和桃樹，還有葡萄藤。
灌溉是藉由一種巧妙的水壩和渠道系統來進行。傳統上，水
壩由棕櫚樹幹建造，樹幹上有又深又長的切口。這些切口的
數量決定了在一定時間內流過水壩的水量。西班牙西南部有
個名爲埃爾切棕櫚林（Palmeral de Elche）的綠洲，那裡至今
還生長著多達兩千棵椰棗樹。只要稍加想像，就能感覺到自
己彷彿置身於阿拉伯花園。最老的棕櫚樹據說樹齡三百年，
許多樹的高度達 40 公尺。埃爾切棕櫚林的椰棗樹每年能生
產約 2000 公噸椰棗。

　　想像一下，我們的水果曾經是什麼樣子，也想想所有的
種子、樹枝和樹幹必須經過多少人的手，旅行多遠的距離
（地理上和時間而言），都是很有用的。那些種植果樹的人
不僅僅是爲了自己，也是對未來的投資。在這方面，創建果
園是能將世世代代連接起來的前瞻性計畫。我們還可以在樹
木的自然週期中體會到超越時間的感覺，這些週期與生活在
果樹之間或附近的居民的生活有著非常密切的關係。史丹佛
大學浪漫文學學者哈里森（Robert Pogue Harrison）曾寫下花
園或果園所代表的高尚道德努力：

　　　　人類創造的花園是在時間的長河中慢慢形成的。它由園
　　丁事先規畫，然後按計畫播種或栽培，並在適當的時候

前頁
採桃，希臘，約 1960 年

結出果實或帶來預期中的滿足。同個時候，園丁日復一日為照料花園的新問題所困擾。花園就像一個故事一樣，也有自己發展的情節，在某種程度上，這些情節多少讓照護者持續承受壓力。真正的園丁永遠是「持續不斷努力的園丁」。

我是在遠離鄉村的柏林市中心長大。但我自孩提時代就很幸運，自家周圍一直有果樹，陪著我度過春季到秋季的時光。我心愛的鞦韆旁長著醋栗、覆盆子和鵝莓樹叢，離靠近鄰居地塊的柵欄很近。灌木叢中還有野草莓，它們長得比你今天能買到的草莓小得多，更像錐形。這些野草莓的味道比較不甜，但香味更為濃厚。這些草莓叢和商業種植的草莓植株不一樣，不會在收成後被連根拔起。我們將它們留在那裡，每年它們都會長出新果實。除了漿果叢，我們還有幾棵蘋果樹、梨樹和李樹。夏末，我們用採果器摘取樹枝上成熟的水果──採果器是尖端有鉗子和袋子的長桿。採果的時機總是很完美：恰好在這些美味果實會自己掉下來之前。這些樹很高，我們得用一個不太穩固的木梯來協助。對當時還小的我，攀爬木梯一直是個讓人暈眩的冒險。

收成後，我的父母會花上好幾個週末，用蒸汽榨汁機烹煮水果，再用軟管將果汁裝瓶，小心用紅色橡膠塞把瓶子密封。他們在處理時總被成群的黃蜂圍繞。我們每年都能收集到大量的果汁，在冬季享用。我記得屋後有一大片接骨木樹叢，它們的果實散發著幾乎刺鼻的甜香，還會讓露台染上一

塊塊黑斑。我們的夏日度假屋後面有片茂密的灌木叢，甚至
長著葡萄，不過它們的果實小味道酸，只能留給鳥兒享用。

在我們擁有這座花園的十年裡，我們也增加了新的植
物。我們一直沒能找出當初是誰種了這些果樹和灌木叢，但
它們肯定有幾十年歷史了，很可能是在二戰之後種植的。我
們從來沒想過要雇用「水果偵探」去精確鑑別這些年復一年
如實供應果實給我們的植物。我們很樂意活在這個小小的謎
團裡。作為交換，我們的花園有時會堆滿吃不完的大量水
果，此時我們會把裝滿蘋果和梨的袋子掛在柵欄上，供路人
免費取用。

完成本書之際，我得知一項令人吃驚的研究計畫，它有
助於說明早期野生水果如何傳播到其他地方落地生根。科學
家利用衛星定位系統，展現至少一種非洲狐蝠（flying fox，蝙
蝠家族中的大型成員）如何傳播果樹的種子，幫助促進林木
被砍伐地區的森林重新生長。這些種子來自椰棗、芒果和其
他水果。狐蝠的行為與候鳥很像：牠們跨越森林邊界和開放
地貌，可以將水果傳播到 75 公里以外的地方。想像一下，
在迦納首都阿克拉（Accra）這樣的地方，狐蝠在日落時分出
發到城市邊界以外的地方尋找水果。一旦牠們吃飽了，種子
會在牠們的消化系統中停留一至八小時，並在牠們飛回家的
路上排泄到其他地方。

這種現象絕不是侷限於一個小地區。從大西洋岸的象牙
海岸到印度洋岸的肯亞，都可以看到這些狐蝠的蹤跡。德國
馬克斯普朗克鳥類學研究所（Max Planck Institute for Ornitho-

logy Research）暨康斯坦茨大學（University of Konstanz）生物學家德赫嫚（Dina Dechmann）表示，這些狐蝠在果樹的生存中扮演著至關重要的角色。她說：「狐蝠傳播的植物中有生長迅速的先鋒物種，它們能為其他樹種的生根和生長創造出合適的環境。」她與卡爾馬市林奈大學（Linnaeus University in Kalmar）的瑞典同事範圖爾（Mariëlle van Toor）合作，用具體數字證實她的觀察結果。生活在阿克拉的狐蝠據估有十五萬兩千隻，牠們每一次夜間飛行能在大範圍區域中散播三十三萬八千個種子。僅僅一年時間，牠們就能在迦納近 800 公頃的土地上種植快速生長的樹木，這些樹木會結出牠們所吃的各種水果。我們可以說，野生果樹林不需要人為干預就能茁壯成長。

上圖
吃蜜棗的黃毛果蝠，一種狐蝠，迦納

次頁
正摘採果實的婦女，約 1900 年

致謝

與植物打交道和喜愛植物的人，向來樂於分享他們的知識。撰寫這本書的過程中，我因為這種慷慨的精神而受益匪淺。我非常感謝我的編輯 Jane Billinghurst，身兼植物專家和作家的她才華洋溢，注定得和我合作進行這個計畫。這是我們合作的第三本書。Lori Lantz 博士一如既往地提供精采的翻譯，這本書也代表了我們第三次這樣的夥伴關係。我也要感謝灰石出版（Greystone Books）的 Rob Sanders、Belle Wuthrich 的優雅設計，以及灰石出版整個熱情的團隊，還有安東尼哈伍德有限公司（Antony Harwood Ltd.）的文學經紀人 James Macdonald Lockhart。

許多資料來源和人員對我的研究非常有幫助，特別是我的朋友 Ulrich Meyer 教授精心維護的私人科學資料檔案、Karin Hochegger 博士關於斯里蘭卡傳統花園的資料、Julie Angus 有

關早期橄欖樹栽培的資料、Helmut Reimitz 教授提供的都爾的額我略名言，以及柏林植物園收藏可觀的圖書館。在此感謝柏林植物園圖書館的負責人 Karin Oehme 和她友善的同事，讓我能多次使用那裡的檔案。無論是誰，只要有機會參觀柏林著名的植物園，請把握：你會發現這是一個鼓舞人心、甚至可謂神奇的地方。法蘭克福棕櫚園（Palmengarten Frankfurt）的 Hilke Steinecke 博士非常熱心，在後期協助閱讀手稿，指出一些前後不一致的地方，並提出許多非常有幫助的建議。我還想藉此機會感謝幾位古書商，他們幫助我找到一些相當晦澀的書籍和資料。柏林舍訥貝格區（Schöneberg）書庫（Bücherhalle）的 Ute Volz 和書窖（Bücherkeller）的 Walter Völkel，兩位的幫助特別大。

最後，我要感謝許多作者，他們的書籍和文章讓我能更加了解過去種植水果的條件。還有我的父母，四十年前和我一起漫步在阿瑪菲的檸檬園與內夫塔和托澤爾的綠洲中。

本書中有任何錯誤之處，都由我個人承擔。

前頁

一部法文百科全書中的圖版展示各式各樣的果樹，1930 年代

引文和引用的具體研究
資料來源

序幕：這本書的種子

「人 在 遷 徙 的 時 候 ……」Henry David Thoreau, *Wild Fruits*, ed. Bradley Dean (New York: Norton, 2001).

促使本書問世的文章為 George Willcox, "Les fruits au Proche-Orient avant la domestication des fruitiers," in Marie-Pierre Ruas, ed., *Des fruits d'ici et d'ailleurs: Regards sur l'histoire de quelques fruits consommés en Europe* (Paris: Omniscience, 2016).

「就植物而言……」（與後面的引文）Ahmad Hegazy and Jon Lovett-Doust, *Plant Ecology in the Middle East* (Oxford: Oxford University Press, 2016).

「它包括始終培育……」Charles Darwin, *On the Origin of Species* (London: John Murray, 1859).

1　有果園之前

本章中提到的文章：

Alexandra DeCasien, Scott A. Williams, and James P. Higham, "Primate Brain Size Is Predicted by Diet but Not Sociality," *Nature Ecology & Evolution* 1, no. 5 (March 2017).

Nathaniel J. Dominy et al., "How Chimpanzees Integrate Sensory Information to Select Figs," *Interface Focus* 6, no. 3 (June 2016).

Mordechai E. Kislev, Anat Hartmann, and Ofer Bar-Yosef, "Early Domesticated Fig in the Jordan Valley," *Science* 312, no. 5778 (July 2006).

「你妻子在你的內室，好像多結果子的葡萄樹 ……」 *The Bible, New International Edition*, Psalm 128:3.

「在有人發明文字來記錄……」Mort Rosenblum, *Olives: The Life and Lore of a Noble Fruit* (Bath: Absolute Press, 1977).

2　棕櫚葉的沙沙聲

本書中有些資訊是基於這本內容豐富但難以取得的書：Warda H. Bircher, *The Date Palm: A Friend and Companion of Man* (Cairo: Modern Publishing House, 1995).

「所有植物中最高大宏偉的一種……」Alexander von Humboldt, *Views of Nature: Or, Contemplations on the Sublime Phenomena of Creation* (London: Henry G. Bohn, 1850).

「它們被乾牆環繞……」引用於 Berthold Volz ed., *Geographische Charakterbilder aus Asien* (Leipzig: Fuess, 1887) (in translation).

3　諸神的花園

「就像她的牙齒，我的種子……」引用於 Maureen Carroll, *Earthly Paradises: Ancient Gardens in History and Archaeology* (Los Angeles: Getty Publications, 2003).

「我從上扎卜河挖出一條運河……」（與後面的

引文）引用於 Stephanie Dalley, "Ancient Meso-potamian Gardens and the Identification of the Hanging Gardens of Babylon Resolved," *Garden History* 21, no. 1 (Summer 1993).

「他們進入一個看來像是天堂之門的拱門⋯⋯」引用於 Muhsin Mahdi, ed., *The Arabian Nights* (New York: Norton, 2008).

「但它們是樹木的花園⋯⋯」Vita Sackville-West, *Passenger to Teheran*, (London: Hogarth Press, 1926).

「耶和華神將那人⋯⋯」*The Bible, New Internat-ional Edition*, Genesis 2:15.

4　離樹不遠之處

「我們第一次看到⋯⋯」John Selborne, "Sweet Pilgrimage: Two British Apple Growers in the Tian Shan," *Steppe: A Central Asian Panorama* 9 (Winter 2011).

「我們發現它被一堵高牆包圍著⋯⋯」引用於 Jonas Benzion Lehrman, *Earthly Paradise: Garden and Courtyard in Islam* (Berkeley: University of California Press, 1980).

關於蘋果起源的資料來源是 Barrie E. Juniper and David J. Mabberley, *The Story of the Apple* (Portland: Timber Press, 2006). 請同時參閱最近出版的另一本書：Robert N. Spengler III, *Fruit From the Sands: The Silk Road Origins of the Fruits We Eat* (Berkeley: University of California Press, 2017).

5　研讀經典

「大門附近有座寬敞的花園⋯⋯」Homer, *The Odyssey*, trans. Samuel Butler (originally published in 800 BC; Butler's translation published in London: A. C. Fifield, 1900) (accessed online through Project Gutenberg).

「這三個基本的『共鳴』是⋯⋯」Margaret Helen Hilditch, *Kepos: Garden Spaces in Ancient Greece: Ima-gination and Reality* (doctoral dissertation, University of Leicester, 2015), https://pdfs.semanticscholar.org/540b/ 8fb60465ccd7e92a3c3feba9234f6eb4ee1.pdf.

「沒有什麼是上帝賜予人類更優秀、更有價值的⋯⋯」引用於 Archibald F. Barron, *Vines and Vine Culture* (London: Journal of Horticulture, 1883).

「高加索地區有各種各樣的民族生活其間⋯⋯」（與後面的引文）Herodotus, *The Persian Wars*, trans. A. D. Godley (originally published ca. 430 BCE; Godley's translation published in Cambridge, Mass.: Harvard University Press, 1920).

「這麼多田地，這麼多種類。」Theophrastus, *En-quiry Into Plants and On the Causes of Plants*, trans. Arthur F. Hort (originally published ca. 350–287 BCE. Hort's translation published in Cambridge, Mass.: Harvard University Press, 1916).

「與此同時，每棵樹⋯⋯」Vergil, *Georgica*, trans. Theodore Chickering Williams (originally published ca. 37–29 BCE; Williams's translation published in Cambridge, Mass.: Harvard University Press, 1915).

「在冬季到來之前的秋季種植梨樹⋯⋯」（與後面的引文）Lucius Junius Moderatus Columella, *On Agriculture*, trans. Harrison Boyd Ash (originally published in 1559; Ash's translation published in Cambridge, Mass.: Harvard University Press, 1941–55).

「講到果樹⋯⋯」Pliny the Elder, *Natural History*, book 17, trans. Harris Rackham (originally publi-shed ca. 77 CE; Rackham's translation published in Cambridge, Mass.: Harvard University Press, 1938–63).

「車道旁有……」（與後面的引文）Pliny the Younger, *Letters*, trans. William Melmoth (Cambridge, Mass.: Harvard University Press, 1963).

「人們認為……」Marcus Terentius Varro, *On Agriculture*, originally published in 37 BCE; trans. William Davis Hooper, rev. Harrison Boyd Ash, (Hooper's translation published in Cambridge, Mass.: Harvard University Press, 1934).

「這裡氣候惡劣……」Tacitus, *The Agricola and the Germania*, trans. Harold Mattingly (Harmondsworth, England: Penguin Books, 1948).

6 人間天堂

關於聖加侖修道院的資訊可參考 Walter Horn and Ernest Born, *The Plan of St. Gall: A Study of the Architecture and Economy of, and Life in a Paradigmatic Carolingian Monastery* (Berkeley and Los Angeles: University of California Press, 1979).

「你坐在小花園的圍欄裡……」Walafrid Strabo, *On the Cultivation of Gardens: A Ninth Century Gardening Book* (San Francisco: Ithuriel's Spear, 2009).

「修士們有個花園……」Gregory of Tours, "The Lives of the Fathers," ca. 14 CE, in Gregory of Tours, *Lives and Miracles*, ed. and trans. Giselle de Nie, Dumbarton Oaks Medieval Library 39 (Cambridge, Mass.: Harvard University Press, 2015).

「許多不同種類的果樹……」引用於 Stephanie Hauschild, *Das Paradies auf Erden. Die Gärten der Zisterzienser* (Ostfildern: Jan Thorbecke Verlag, 2007) (in translation).

萊索寫了幾本關於和塔拉維拉一起買的花園的書：*Les jardins du prieuré Notre-Dame d'Orsan* (Arles: Actes Sud, 1999), and (with Henri Gaud) *Orsan: Des jardins d'inspiration monastique médiévale* (Arles: Editions Gaud, 2003).

「有什麼比從任何方向看都呈直線的梅花形更美的嗎……」（與後面的引文）Quintilian, *The Institutio Oratoria of Quintilian*, vol. 3, trans. Harold Edgeworth Butler (Cambridge, Mass.: Harvard University Press, 1959–63).

「香醇成熟的梨……」（與後面的引文）Ibn Butlan, *The Four Seasons of the House of Cerutti* (New York: Facts on File, 1984).

「四處開滿了花……」Giovanni Boccaccio, *The Decameron* (New York: Norton, 2015).

「最美好的樹木，結著最豐盛的果實……」引用於 Paul A. Underwood, *The Fountain of Life in Manuscripts of Gospels* (Washington, DC: Dumbarton Oaks Papers, 1950).

「世界是一座大型圖書館……」Ralph Austen, *The Spiritual Use of an Orchard or Garden of Fruit Trees* (Oxford: Printed for Thos. Robinson, 1653).

「一座精心設計的果園就是天堂本身的縮影……」Stephen Switzer, *The Practical Fruit-Gardener* (London: Thomas Woodward, 1724).

「在人間所有樂趣中……」（與後續兩則引文）William Lawson, *A New Orchard and Garden* (London: n.p., 1618).

7 太陽王的梨

「必須承認……」Jean-Baptiste de La Quintinie, *The Complete Gard'ner: Or, Directions for Cultivating and Right Ordering of Fruit-Gardens and Kitchen-Gardens* (London: Andrew Bell, 1710).

「麝香或琥珀的香氣是否……」René Dahuron, *Nouveau traité de la taille des arbres fruitiers* (Paris: Charles de Sercy, 1696) (in translation).

「蘋果樹是所有樹中最必要且最有價值的……」

Charles Estienne and Jean Liebault, *L'agriculture et maison rustique* (Paris: Jacques du Puis, 1564) (in translation).

「在耶誕節前八個小時……」引用於 Florent Quellier, *Des fruits et des hommes: L'arboriculture fruitière en Île-de-France (vers 1600–vers 1800)* (Rennes: Presses Universitaires des Rennes, 2003) (in translation).

「完全成熟的水果才是健康的……」de La Bretonnerie, *L'école du jardin fruitier* (Paris: Eugène Onfroy, 1784) (in translation).

8　往北遷移

「果子採得太卽時會有木味……」Thomas Tusser, *Five Hundred Pointes of Good Husbandrie* (London: Lackington, Allen, and Co., 1812).

「以最適當和便利的方式將農產品運送至……」引用於 Susan Campbell, "The Genesis of Queen Victoria's Great New Kitchen Garden," *Garden History* 12, no. 2 (Autumn 1984).

「果菜園的管理不如我們……」François de La Rochefoucauld, *A Frenchman's Year in Suffolk*, trans. Norman Scarfe (Woodbridge: Boydell Press, 2011).

「這裡的葡萄、桃、杏……」引用於 Sandra Raphael, *An Oak Spring Pomona: A Selection of the Rare Books on Fruit in the Oak Spring Garden Library* (Upperville, Virginia: Oak Spring Garden Library, 1990).

關於第三代漢密爾頓公爵的資訊來自 Rosalind K. Marshall, *The Days of Duchess Anne* (Edinburgh: Tuckwell Press, 2000).

關於蘇格蘭的果園亦可參考 Forbes W. Robertson, "A History of Apples in Scottish Orchards," *Garden History* 35, no. 1 (Summer 2007).

9　群眾的果園

關於巴黎周圍果園和森林的資訊來自 Florent Quellier, *Des fruits et des hommes: L'arboriculture fruitière en Île-de-France (vers 1600–vers 1800)* (Rennes: Presses Universitaires des Rennes, 2003).

「自由生長的樹木所結出的果子優於所有其他樹木……」（與後面的引文）Henri-Louis Duhamel du Monceau, *Traité des arbres fruitiers* (Paris: Jean Desaint, 1768) (in translation).

「在可行的狀況下應鼓勵全國各地種植果樹……」（與後面的引文）引用於 Rupprecht Lucke, Robert Silbereisen, and Erwin Herzberger, *Obstbäume in der Landschaft* (Stuttgart: Ulmer, 1992) (in translation).

「適合當作行道樹的樹木……」（與後面的引文）Johann Caspar Schiller, *Die Baumzucht im Großen* (Neustrelitz: Hofbuchhandlung, 1795) (in translation).

「收穫的水果被製成蘋果酒、果乾或白蘭地……」（與本章其餘出處不明的引文）引用於 Rupprecht Lucke et al., *Obstbäume in der Landschaft* (in translation).

「至少可以說，黃昏或夜間……是非常危險的……」引用於 Eric Robinson, "John Clare: 'Searching for Blackberries,'" *The Wordsworth Circle* 38, no. 4 (Autumn 2007).

「孤獨的男孩們放聲痛哭……」（與後面的引文）John Clare, *The Shepherd's Calendar* (Oxford: Oxford University Press, 2014).

10　摘櫻桃

「25 日，我將前往阿摩笛亞……」Max Hein, ed., *Briefe Friedrichs des Grossen* (Berlin: Reimar Hobbing, 1914) (in translation).

「許多吟遊詩人高唱著他們的歌……」Anna Louisa Karsch, "Lob der schwarzen Kirschen," in *Auserlesene Gedichte* (Berlin: George Ludewig Winter, 1764) (in translation).

「我這個人還有個比較特別的地方……」Joseph Addison, n.t., *The Spectator*, no. 477 (September 6, 1712).

11 噢！好酸

「你知不知道那片檸檬樹生長的地方……」Johann Wolfgang von Goethe, *Wilhelm Meister's Apprenticeship*, trans. Eric A. Blackall (Princeton: Princeton University Press, 1995).

「在這深刻且妙趣無窮的孤獨中……」Jean-Jacques Rousseau, *The Confessions*, trans. J. M. Cohen (London: Penguin, 1953).

「在整座花園裡……」（與後面的引文）Jean-Baptiste de La Quintinie, *The Complete Gard'ner: Or, Directions for Cultivating and Right Ordering of Fruit-Gardens and Kitchen-Gardens* (London: Andrew Bell, 1710).

「秋日野亭千橘香……」Du Fu, T*he Poetry of Du Fu* (Berlin: De Gruyter, 2016).

「雖然那個地方與我們有 1000 科斯的距離……」Nuru-d-din Jahangir Padshah, *The Tuzuk-i-Jahangiri: or, Memoirs of Jahangir*, trans. Alexander Rogers, ed. H. Beveridge (first published ca. 1609; Rogers's translation published in Ghazipur: 1863; Beveridge's revised edition in London: Royal Asiatic Society, 1909).

「我不遺餘力尋找這種椪柑的起源……」Emanuel Bonavia, *The Cultivated Oranges, Lemons etc. of India and Ceylon* (London: W. H. Allen & Co., 1888).

「今天，我去閣下那片迷人的小樹林裡……」引

用於 Carsten Schirarend and Marina Heilmeyer, *Die Goldenen Äpfel. Wissenswertes rund um die Zitrusfrüchte* (Berlin: G + H Verlag, 1996).

「波莫娜，帶我去妳的枸櫞園……」James Thomson, *The Seasons and the Castle of Indolence* (London: Pickering, 1830).

「我們經過利莫內鎮……」（與後面的引文）Johann Wolfgang von Goethe, *Italian Journey*, trans. W. H. Auden and Elizabeth Mayer (London: Penguin, 1970).

「我們喜歡置身於大自然中……」Friedrich Nietzsche, *Human, All Too Human* (London: Penguin, 1994).

關於尼采在義大利南部居遊的完整資訊可參考 Paolo D'Iorio and Sylvia Mae Gorelick, *Nietzsche's Journey to Sorrento: Genesis of the Philosophy of the Free Spirit* (Chicago: The University of Chicago Press, 2016).

「我的朋友，你可曾在開滿花的橙樹林中睡覺……」Guy de Maupassant, "The Mountain Pool," *Original Short Stories*, vol. 13, trans. A. E. Henderson, Louise Charlotte Garstin Quesada, Albert Cohn McMaster, ed. David Widger, accessed through The Gutenberg Project, http://www.guten-berg.org/files/28076/28076-h/28076-h.htm.

12 如蘋果派一樣美國化

「那個區域到處都是美麗的果園……」John Hammond, *Leah and Rachel; or, The Two Fruitful Sisters, Virginia and Mary-Land* (London: Mabb, 1656).

「在秋天種植了……」（與後面的引文）Hector St. John de Crèvecoeur, *Sketches of Eighteenth Century America: More Letters From an American Farmer* (New Haven: Yale University Press, 1925).

「將另外五株同樣的櫻桃嫁接在……」*The Diaries of George Washington*, vol. 1, 11 March 1748–13 November 1765, ed. Donald Jackson (Charlottesville: University Press of Virginia, 1976).

「現有最棒的釀酒用蘋果……」（與後面的引文）引用於 Peter J. Hatch, *The Fruits and Fruit Trees of Monticello* (Charlottesville: University of Virginia Press, 1998).

「一座好果園會讓人感到舒適……」引用於 Eric Rutkow, *American Canopy*: *Trees, Forests and the Making of a Nation* (New York: Scribner, 2012).

「蘋果是我們的國家水果……」Ralph Waldo Emerson, *The Journals and Miscellaneous Notebooks of Ralph Waldo Emerson: 1848–1851* (Boston: Harvard University Press, 1975).

「這種派是英國的傳統……」Harriet Beecher Stowe, *Oldtown Folks* (Boston: Fields, Osgood & Co., 1869).

「他們可以用這種方式改善蘋果……」引用於 Howard Means, *Johnny Appleseed: The Man, the Myth, the American Story* (New York: Simon and Schuster, 2012).

「從前有一條鐵路……」Philip Roth, *American Pastoral* (Boston: Houghton Mifflin, 1997).

這裡關於美國柑橘文化發展的大部分資訊是參考這本傑作：Pierre Laszlo, *Citrus: A History* (Chicago: University of Chicago Press, 2007).

13 果園無界

「在許多情況下，人類活動……」Charles M. Peters, *Managing the Wild: Stories of People and Plants and Tropical Forests* (New Haven: Yale University Press 2018).

「在這座花園裡，蒙特蘇馬二世不允許……」（與後面的引文）引用於 Patrizia Granziera, "Concept of the Garden in Pre-Hispanic Mexico," *Garden History* 29, no. 2 (Winter 2001).

「森林從水中拔地而起……」引用於 Nigel Smith, *Palms and People in the Amazon* (Cham: Springer, 2015). 次則引文（「亞馬遜的許多地區……」）也出自這本書。

「伯爵命令用……」和其他巴萊烏斯的引文引用於 Maria Angélica da Silva and Melissa Mota Alcides, "Collecting and Framing the Wilderness: The Garden of Johan Maurits (1604–79) in North-East Brazil," *Garden History* 30, no. 2 (Winter 2002).

「錫蘭中海拔山地的美麗景觀……」Ernst Haeckel, *A Visit to Ceylon* (New York: Peter Eckler, 1883).

「兩千多年的農業活動……」Karin Hochegger, *Farming Like the Forest: Traditional Home Garden Systems in Sri Lanka* (Weikersheim: Margraf Verlag, 1998).

「在僧伽羅人之間……」John Davy, *An Account of the Interior of Ceylon and of Its Inhabitants* (London: Longman, Hurst, Rees, Orm, and Brown, 1821).

「〔這棵樹〕很高，長著黃色的小漿果……」Michael Ondaatje, *Running in the Family* (New York: Vintage, 1993).

「猴子的腰上繫著一根繩子……」Robert W. C. Shelford, *A Naturalist in Borneo* (London: T. F. Unwin, 1916).

14 果樹學學者

「在英國領地推廣水果文化……」*The Horticulturist and Journal of Rural Art and Rural Taste*, vol. 4 (Albany: L. Tucker, 1854).

「在一棵樹上嫁接許多種蘋果……」（與後面的引文）Leonard Mascall, *A Booke of the Arte and*

Maner, Howe to Plant and Graffe all Sortes of Trees ... (London: By Henrie Denham, for John Wight, 1572).

「近距離交替，更糟糕的是全部混在一起……」（與後面的引文）Carl Samuel Häusler, *Aphorismen* (Hirschberg: C. W. J. Krahn, 1853).

「大西洋對岸……」（與後面的引文）Thomas Skip Dyot Bucknall, *The Orchardist, or, A System of Close Pruning and Medication, for Establishing the Science of Orcharding* (London: G. Nicol, 1797).

「能取得的可用肥料很多……」William Salisbury, *Hints Addressed to Proprietors of Orchards, and to Growers of Fruit in General* (London: Longman, Hurst, Rees, Orme, and Brown, 1816).

根據我的調查，目前還沒有關於艾格納的英文書，唯一能找到關於他生平事蹟的是一本德文書：Peter Brenner, *Korbinian Aigner: Ein bayerischer Pfarrer zwischen Kirche, Obstgarten und Konzentrationslager* (Munich: Bauer-Verlag, 2018).

「我不相信這些果樹學學者的精選名單……」（與後面的引文）Henry David Thoreau, "Wild Apples," *The Atlantic*, November 1862.

15　感官的果園

「來吧，讓我們看著日落……」Rainer Maria Rilke, "Der Apfelgarten," in *Selected Poems*, trans. Albert Ernest Flemming (New York: Routledge, 2011).

「杏是隱藏在桃的外衣下的李……」引用於 Edward Bunyard, *The Anatomy of Dessert* (London: Dulau & Co., 1929).

「有些植物學家認為桃金孃……」Vita Sackville-West, *In Your Garden* (London: Frances Lincoln, 2004).

「這橄欖樹真是個野蠻的東西……」引用於 Derek Fell, *Renoir's Garden* (London: Frances Lincoln, 1991).

「用一個蘋果，我將……」引用於 Gustave Geffroy, *Claude Monet, sa vie, son temps, son œuvre* (Paris: G. Crès, 1924).

「有人遵守安息日去教堂……」Emily Dickinson, *Poems*, Mabel Loomis Todd and Thomas Wentworth Higginson, eds. (Boston: Roberts Brothers, 1890).

「我不能忽略讓果園生色的主要魅力之處……」William Lawson, *A New Orchard and Garden* (London: n.p., 1618).

「無數車輪的轟鳴聲……」John James Platt, "The Pleasures of Country Life," in *A Return to Paradise and Other Fly-Leaf Essays in Town and Country* (London: James Clarke & Co., 1891).

「米蘭達睡在果園裡……」Virginia Woolf, "In the Orchard," *The Criterion* (London: R. Cobden-Sanderson, 1923).

「這一年的時間過得如此之快……」（與後面的引文）引用於 Anne Scott-James, *The Language of the Garden: A Personal Anthology* (New York: Viking, 1984).

「從仲夏開始……」Carl Larsson, *Our Farm* (London: Methuen Children's Books, 1977).

「我看不出有什麼理由要把蔬果園……」William Cobbett, *The English Gardener* (London: A. Cobbett, 1845).

16　回歸水果的野生方式

「未來最有前途的重要蘋果品種……」David Karp, "Beyond the Honeycrisp Apple," *New York Times*, November 3, 2015.

「那些品嘗過這些蘋果的人……」曾於下文提及：Clarissa Hyman, "Forbidden Fruit," *Times Literary Supplement*, December 23 and December 30, 2016.

「我最後幾株陽冠桃即將被挖起來……」David
Mas Masumoto, *Epitaph for a Peach: Four Seasons on
My Family Farm* (New York: HarperCollins, 1996).

「石頭會『流汗』，水凝結在石頭下方……」
（與後面的引文）引用於 Florianne Koechlin,
*Pflanzen-Palaver. Belauschte Geheimnisse der
botanischen Welt* (Basel: Lenos Verlag, 2008) (in
translation).

尾聲：一個新的開始

「人類創造的花園……」Robert Pogue Harrison,
Gardens: An Essay on the Human Condition (Chicago:
University of Chicago Press, 2008).

「狐蝠傳播的植物中……」引用於 Fruit Bats Are
Reforesting African Woodlands," press release of the
Max Planck Society, April 1, 2019.

延伸閱讀

Attlee, Helena. *The Land Where Lemons Grow: The Story of Italy and Its Citrus Fruit*. London: Penguin, 2014.

Barker, Graeme and Candice Goucher (eds.). *The Cambridge World History. Vol. 2, A World With Agriculture, 12,000 BCE–500 CE*. Cambridge: Cambridge University Press, 2015.

Beach, Spencer Ambrose. *The Apples of New York*. Albany: J. B. Lyon, 1903.

Bennett, Sue. *Five Centuries of Women and Gardens*. London: National Portrait Gallery, 2000.

Biffi, Annamaria and Susanne Vogel. *Von der gesunden Lebensweise. Nach dem alten Hausbuch der Familie Cerruti*. München: BLV Buchverlag, 1988.

Bircher, Warda H. *The Date Palm: A Friend and Companion of Man*. Cairo: Modern Publishing a Peach: Four Seasons on My Family Farm House, 1995.

Blackburne-Maze, Peter and Brian Self. *Fruit: An Illustrated History*. Richmond Hill: Firefly Books, 2003.

Boccaccio, Giovanni. *The Decameron*. New York: Norton, 2014.

Brosse, Jacques. *Mythologie des arbres*. Paris: Plon, 1989.

Brown, Pete. *The Apple Orchard: The Story of Our Most English Fruit*. London: Particular Books, 2016.

Candolle, Alphonse Pyrame de. *Origin of Cultivated Plants*. New York: D. Appleton & Co., 1883.

Carroll-Spillecke, M., ed. *Der Garten von der Antike bis zum Mittelalter*. Mainz: Verlag Philipp von Zabern, 1992.

Crèvecoeur, Hector St. John de. *Letters From an American Farmer and Sketches of Eighteenth Century America: More Letters From an American Farmer*. New Haven: Yale University Press, 1925.

Daley, Jason. "How the Silk Road Created the Modern Apple." *Smithsonian.com*, August 21, 2017.

Dalley, Stephanie. "Ancient Mesopotamian Gardens and the Identification of the Hanging Gardens of Babylon Resolved." *Garden History* 21, no. 1 (Summer 1993).

Diamond, Jared. *Guns, Germs and Steel: The Fates of Human Societies*. New York: W. W. Norton, 1999.

Fell, Derek. *Renoir's Garden*. London: Frances Lincoln, 1991.

Gignoux, Emmanuel, Antoine Jacobsohn, Dominique Michel, Jean-Jacques Peru, and Claude Scribe. *L'ABCdaire des Fruits*. Paris: Flammarion, 1997.

Gollner, Adam Leith. *The Fruit Hunters: A Story of Nature, Adventure, Commerce and Obsession*. London: Souvenir Press, 2009.

Harris, Stephen. *What Have Plants Ever Done for Us? Western Civilization in Fifty Plants*. Oxford: Bodleian Library, 2015.

Harrison, Robert Pogue. *Gardens: An Essay on the Human Condition*. Chicago: University of Chicago Press, 2008.

Hauschild, Stephanie. *Akanthus und Zitronen. Die Welt der römischen Gärten*. Darmstadt: Philipp von Zabern, 2017.

——. *Das Paradies auf Erden. Die Gärten der Zisterzienser*. Ostfildern: Jan Thorbecke Verlag, 2007.

——. *Der Zauber von Klostergärten*. München: Dort-Hagenhausen-Verlag, 2014.

Hegazy, Ahmad and Jon Lovett-Doust. *Plant Ecology in the Middle East*. Oxford: Oxford University Press, 2016.

Hehn, Victor. *Cultivated Plants and Domesticated Animals in Their Migration From Asia to Europe*. London: Swan Sonnenschein & Co., 1885.

Heilmeyer, Marina. *Äpfel fürs Volk: Potsdamer Pomologische Geschichten*. Potsdam: vacat verlag, 2007.

——. *Kirschen für den König: Potsdamer Pomologische Geschichten*. Potsdam: vacat verlag, 2008.

Hirschfelder, Hans Ulrich, ed. *Frische Feigen: Ein literarischer Früchtekorb*. Frankfurt am Main: Insel Verlag, 2000.

Hobhouse, Penelope. *Plants in Garden History: An Illustrated History of Plants and Their Influences on Garden Styles—From Ancient Egypt to the Present Day*. London: Pavilion, 1992.

Hochegger, Karin. *Farming Like the Forest: Traditional Home Garden Systems in Sri Lanka*. Weikersheim: Margraf Verlag, 1998.

Horn, Walter and Ernest Born. *The Plan of St. Gall: A Study of the Architecture and Economy of, and Life in a Paradigmatic Carolingian Monastery*. Berkeley and Los Angeles: University of California Press, 1979.

Janson, H. Frederic. *Pomona's Harvest: An Illustrated Chronicle of Antiquarian Fruit Literature*. Portland: Timber Press, 1996.

Jashemski, Wilhelmina F. *The Gardens of Pompeii: Herculaneum and the Villas Destroyed by Vesuvius*. New Rochelle, New York: Caratzas Brothers Publishers, 1979.

Juniper, Barrie E. and David J. Mabberley. *The Story of the Apple*. Portland: Timber Press, 2006.

Klein, Joanna. "Long Before Making Enigmatic Earthworks, People Reshaped Brazil's Rain Forest." *The New York Times*, February 10, 2017.

Küster, Hansjörg. *Geschichte der Landschaft in Mitteleuropa: Von der Eiszeit bis zur Gegenwart*. Munich: C. H. Beck, 1995.

Larsson, Carl. *Our Farm*. London: Methuen Children's Books, 1977.

Laszlo, Pierre. *Citrus: A History*. Chicago: University of Chicago Press, 2007.

Lawton, Rebecca. "Midnight at the Oasis." *Aeon*, November 6, 2015.

Lucke, Rupprecht, Robert Silbereisen, and Erwin Herzberger. *Obstbäume in der Landschaft*. Stuttgart: Ulmer, 1992.

Lutz, Albert, ed. *Gärten der Welt: Orte der Sehnsucht und Inspiration*. Museum Rietberg Zürich. Cologne: Wienand Verlag, 2016.

Mabey, Richard. *The Cabaret of Plants: Botany and the Imagination*. London: Profile Books, 2015.

Martini, Silvio. *Geschichte der Pomologie in Europa*. Bern: self-pub., 1988.

Masumoto, David Mas. *Epitaph for a Peach: Four Seasons on My Family Farm*. New York: Harper-Collins, 1996.

Mayer-Tasch, Peter Cornelius and Bernd Mayerhofer. *Hinter Mauern ein Paradies: Der mittelalterliche Garten*. Frankfurt am Main und Leipzig: Insel Verlag, 1998.

McMorland Hunter, Jane and Chris Kelly. *For the Love of an Orchard: Everybody's Guide to Growing and Cooking Orchard Fruit*. London: Pavilion, 2010.

McPhee, John. *Oranges*. New York: Farrar, Straus & Giroux, 1967.

Müller, Wolfgang. *Die Indianer Amazoniens: Völker und*

Kulturen im Regenwald. Munich: C. H. Beck, 1995.

Nasrallah, Nawal. *Dates: A Global History*. London: Reaktion Books, 2011.

Palter, Robert. *The Duchess of Malfi's Apricots and Other Literary Fruits*. Columbia: The Universityof South Carolina Press, 2002.

Pollan, Michael. *The Botany of Desire: A Plant's-Eye View of the World*. New York: Random House, 2001.

Potter, Jennifer. *Strange Bloom: The Curious Lives and Adventures of the John Tradescants*. London: Atlantic Books, 2008.

Quellier, Florent. *Des fruits et des hommes: L'arboriculture fruitière en Île-de-France (vers 1600–vers 1800)*. Rennes: Presses Universitaires des Rennes, 2003.

Raphael, Sandra. *An Oak Spring Pomona: A Selection of the Rare Books on Fruit in the Oak Spring Garden Library*. Upperville, Virginia: Oak Spring Garden Library, 1990.

Roach, Frederick A. *Cultivated Fruits of Britain: Their Origin and History*. London: Blackwell, 1985.

Rosenblum, Mort. *Olives: The Life and Lore of a Noble Fruit*. Bath: Absolute Press, 2000.

Rutkow, Eric. *American Canopy: Trees, Forests and the Making of a Nation*. New York: Scribner, 2012.

Sackville-West, Vita. *In Your Garden*. London: Francis Lincoln, 2004.

——. *Passenger to Teheran*. London: Hogarth Press, 1926.

Schermaul, Erika. *Paradiesapfel und Pastorenbirne. Bilder und Geschichten von alten Obstsorten*. Ostfildern: Jan Thorbecke Verlag, 2004.

Scott, James C. *Against the Grain: A Deep History of the Earliest States*. New Haven: Yale University Press, 2017.

Scott-James, Anne. *The Language of the Garden: A Personal Anthology*. New York: Viking, 1984.

Selin, Helaine, ed. *Encyclopedia of the History of Science, Technology, and Medicine in Non-Western Cultures*. Dordrecht: Springer Science+Business Media, 1997 (entry by Georges Métailié: "Ethnobotany in China," p. 314).

Sitwell, Osbert. *Sing High! Sing Low! A Book of Essays*. London: Gerald Duckworth & Co., 1943.

Smith, J. Russell. *Tree Crops: A Permanent Agriculture*. New York: Harcourt, Brace and Company, 1929.

Smith, Nigel. *Palms and People in the Amazon*. Cham: Springer, 2014.

Sutton, David C. *Figs: A Global History*. London: Reaktion Books, 2014.

Sze, Mai-mai, ed. *The Mustard Seed Garden Manual of Painting*. Princeton: Princeton University Press, 1978.

Thoreau, Henry David. "Wild Apples." *The Atlantic*, November 1862.

——. *Wild Fruits*. ed. Bradley Dean. New York: Norton, 2001.

Young, Damon. *Philosophy in the Garden*. Victoria: Melbourne University Press, 2012.

Zohary, Daniel and Maria Hopf. *Domestication of Plants in the Old World: The Origin and Spread of Cultivated Plants in West Asia, Europe and the Nile Valley*. Oxford: Oxford University Press, 2000.

圖片出處

我們已經盡了一切努力查出本書中受版權保護之視覺材料的準確所有權。只要出版商接獲通知,錯誤和遺漏之處將在後續版本中更正。如果沒有特別說明,無版權作品是來自作者的檔案,或者從各古書商的收藏掃描而來。

Museum. Wikimedia Commons, CC0 1.0.

77 Abbey of Saint Walburga, Eichstätt, Germany. Mid-nineteenth-century postcard.

80 Illustration from the Bible of Wenceslaus IV, fourteenth century.

83 Beehives from *Tacuinum Sanitatis* (*Maintenance of Health*), late fourteenthcentury edition.

85 Illustration from *The Romance of the Rose*, fifteenth century.

89 *The Golden Age* by Lucas Cranach the Elder, ca. 1530. National Museum of Art, Architecture and Design, Norway. Wikimedia Commons.

92 Medlars by Jacques Le Moyne de Morgues, 1575.

95 Sun from *Vignetten*. Frankfurt am Main: Bauersche Giesserei, ca. 1900.

98 Pear varieties, 1874, from *Flore des Serres et des Jardins de l'Europe* (*Flowers of the Greenhouses and Gardens of Europe*), a horticultural journal published in Ghent, Belgium, by Louis van Houtte and Charles Lemaire.

102 Bon Chrétien pear from Alexandre Bivort, ed., Annales de pomologie belge et étrangère. Bruxelles: F. Parent, 1853.

104, 107, 110
From Jean de La Quintinie, *The Complete Gard'ner*. London: Printed for M. Gillyflower, 1695.

111 Fruit bowl from *Vignetten*. Frankfurt am Main: Bauersche Giesserei, ca. 1900.

112 Peach house at West Dean Gardens, Sussex, UK. Contemporary photograph by Jane Billinghurst.

114 Apple picking in a French orchard by Piero de

Crescenzi from *Des profits ruraux des champs*, 1475.

116/117 Illustrations from Helmingham Herbal and Bestiary, Helmingham, Suffolk, ca. 1500. With kind permission from Yale Center for British Art, Paul Mellon collection.

118 Pears by Johann Hermann Knoop from *Pomologia, das ist Beschreibungen und Abbildungen der besten Sorten der Aepfel und Birnen*. Nuremberg: Seligmann, 1760.

120 Johann Hermann Knoop from *Pomologia, das ist Beschreibungen und Abbildungen der besten Sorten der Aepfel und Birnen*. Nuremberg: Seligmann, 1760.

121 Vignette from Thomas Hill, *The Gardener's Labyrinth*. London: Henry Bynneman, 1577.

122 Serpentine fruit wall in 's-Graveland, Netherlands, by A. J. van der Wal, Rijksdienst voor het Cultureel Erfgoed. Wikimedia Commons, CC BY-SA 4.0.

123 Fruit walls in Montreuil-sous-Bois. Early twentieth-century postcard.

124 Detail from *The Cider Orchard* by Robert Walker Macbeth, 1890. Artiz / Alamy Stock Photo.

127 Colored copper plate of German fruit seller, ca. 1840.

128 Bamberg in 1837 from Leopold Beyer, *Romantische Reise durch das alte Deutschland: Topographikon*. Hamburg: Verlag Rolf Müller, 1969.

130 *Allegory of Earth* by Hendrik van Balen the Elder and Jan Brueghel the Elder, 1611. Musée Thomas Henry, Cherbourg, France. Wikimedia Commons.

133 Lithograph of Stuttgart train station by R.

183 Orange harvest in southern California. Early twentieth-century postcards.

185 A Wagon Load of Grape Fruit, Florida. Early twentieth-century postcard.

190 Jungle in South Asia from Hermann Wagner, *Naturgemälde der ganzen Welt*. Esslingen: Verlag von J. F. Schreiber, 1869.

192 Papaya from George Meister, *Der Orientalisch-Indianische Kunst-und Lust-Gärtner*. Dresden: Meister, 1692.

194 Boy climbing a palm tree by J. Huyot from Jacques-Henri Bernardin de Saint-Pierre, *Paul et Virginie*. Paris: Librairie Charles Tallandier, ca. 1890.

195 Red howler monkey from *Das Buch der Welt*. Stuttgart: Hoffmann'sche Verlags-Buchhandlung, 1858.

197 Tropical fruit from *Meyers Konversations-Lexikon*. Leipzig and Vienna: Bibliographisches Institut, 1896.

199 Pisang (banana) from George Meister, *Der Orientalisch-Indianische Kunst-und Lust-Gärtner*. Dresden: Meister, 1692.

200 Gewatta near Kandy, Sri Lanka. Contemporary photograph by Sarath Ekanayake.

203 Activities on fruit tree plantations in the area around what is now Rio de Janeiro, Brazil, by André Thevet, *Les singularitez de la France antarctique*. Paris: Chez les heritiers de Maurice de la Porte, 1558.

205 Chromalith by W. Koehler after Ernst Haeckel's 1882 painting depicting virgin forest at the Blue River, Kelany-Ganga, Ceylon (now Sri Lanka) from Ernst Haeckel, *Wanderbilder: Die Naturwunder der Tropenwelt. Ceylon und Insulinde*. Gera: Koehler, 1906.

206/207 Pineapple and avocado by J. Huyot from Jacques-Henri Bernardin de Saint-Pierre, *Paul et Virginie*. Paris: Librairie Charles Tallandier, ca. 1890.

208 Wild crab apple, Bowling Green, Pike County, Missouri, 1914, from the U.S. Department of Agriculture Pomological Watercolor Collection. Rare and Special Collections, National Agricultural Library, Beltsville, MD.

210 Garden at harvest time from Eduard Walther, *Bilder zum ersten Anschauungsunterricht für die Jugend*. Esslingen bei Stuttgart: Verlag von J. F. Schreiber, ca. 1890.

213 Figs from George Brookshaw, *Pomona Britannica*. London: Longman, Hurst, 1812.

215 Korbinian Aigner. With kind permission of TUM.Archiv, Technical University Munich.

216 Korbinian Aigner in the company of seminarians, ca. 1910. With kind permission of TUM.Archiv, Technical University Munich.

218 kz3 or Korbinian's apple by Korbinian Aigner. With kind permission of TUM.Archiv, Technical University Munich.

220 Detail from *Apple Blossoms* (also known as *Spring*) by John Everett Millais, ca. 1856–1859. Lady Lever Art Gallery, Liverpool. Wikimedia Commons.

223 Detail from *In the Orchard* by Sir James Guthrie, 1885–1886. Scottish National Gallery, purchased jointly by the National Galleries of Scotland and Glasgow Life with assistance from the National Heritage Memorial Fund and the

Art Fund, 2012. Wikimedia Commons.

225 Olive groves by Vincent van Gogh, 1889/1890. Museum of Modern Art, New York (above: F712, below: F655). Wikimedia Commons.

226 *The Lovers* by Pierre-Auguste Renoir, 1875. National Gallery, Prague, Czech Republic, no. o 3201. Wikimedia Commons.

229 *Lady With Parasol* by Louis Lumière, 1907.

231 Detail from *The Apple Gatherers*, Frederick Morgan, 1880. Wikimedia Commons.

233 Detail from *In the Orchard* by Edmund Charles Tarbell, 1891. Terra Foundation for American Art, Daniel J. Terra Collection. Wikimedia Commons.

235 Detail from *Apple Harvest* by Camille Pissarro, 1888. The Dallas Museum of Art. Wikimedia Commons.

236/237 *Ring a Ring a Roses* by Myles Birket Foster, nineteenth century. Bonhams (auctioneer). Wikimedia Commons, CC0 1.0.

238 Apple picking. Vintage postcard, origin unknown.

241 Apple picking from the collection and with kind permission of Maureen Malone, www. frogtopia.com.au.

242/243 Establishing an orchard from Thomas Hill, *The Gardener's Labyrinth*. London: Henry Bynneman, 1577.

245 Pomegranates in an orchard in Ortakentyahşi near Bodrum, Turkey. Contemporary photograph by the author.

248 Sheep in a Kent orchard. Kent Downs Area of Outstanding Natural Beauty, www.kentdowns. org.uk.

252 Mason bee houses. Contemporary photograph by Ruth Hartnup. Wikimedia Commons, CC BY 2.0.

253 Lithograph by Ludwig Richter, nineteenth century.

254 Peach harvest in Greece by Jochen Moll from Herbert Otto and Konrad Schmidt, *Stundenholz und Minarett*. Berlin: Verlag Volk und Welt, 1960.

259 Fruit bat. With kind permission of Christian Ziegler, https://christianziegler.photography.

260/261 Woman picking fruit from *Vignetten*. Frankfurt am Main: Bauersche Giesserei, ca. 1900.

262 A selection of trees from Adolphe Philippe Millot, *Nouveau Larousse Illustré*. Paris: Librairie Larousse, 1933.

272 Activities on fruit tree plantations in the area around what is now Rio de Janeiro, Brazil, by André Thevet, *Les singularitez de la France antarctique*. Paris: Chez les heritiers de Maurice de la Porte, 1558.

276 Peach from Charles Mason Hovey, *The Fruits of America*. New York: D. Appleton, 1853.

282 Family with fruit from *Vignetten*. Frankfurt am Main: Bauersche Giesserei, ca. 1900.

284 Orchard scene from Peter Nell, *Das Paradies: Ein Märchen*. Berlin: Alfred Holz Verlag, 1955.

286/287 *Entre Naranjos* by Joaquín Sorolla, 1903. Courtesy digital archive of Blanca Pons-Sorolla (original in the National Museum of Fine Arts of Havana, Cuba).

288 Woodcut from *The Crafte of Graffyng and Plantynge of Trees*. Westminster: Hans Weineke, ca. 1520.

國家圖書館出版品預行編目資料

馴果記：從諸神的花園、人間的天堂、大眾的果物到現代超市蔬果區，果園改造土地、誘發哲思、觸動感官的千萬年故事／貝恩德‧布倫納（Bernd Brunner）著；林潔盈譯. -- 初版. -- 臺北市：臉譜出版，城邦文化事業股份有限公司出版：英屬蓋曼群島商家庭傳媒股份有限公司城邦分公司發行, 2022.05
　面；　公分. --（臉譜書房；FS0148）
譯自：Taming Fruit: How Orchards Have Transformed the Land, Offered Sanctuary, and Inspired Creativity
ISBN 978-626-315-114-7（平裝）

1.CST: 果樹類 2.CST: 栽培 3.CST: 歷史

435.3　　　　　　　　　　　　　　　　　　　　　　111005138

Taming Fruit: How Orchards Have Transformed the Land, Offered Sanctuary, and Inspired Creativity
© Bernd Brunner, 2021
First Published by Greystone Books Ltd.
343 Railway Street, Suite 302, Vancouver, B.C. V6A 1A4, Canada
Published by arrangement with Greystone Books Ltd.
through Peony Literary Agency Limited
Complex Chinese translation rights © 2022 by Faces Publications, a division of Cité Publishing Ltd.
All rights reserved.

臉譜書房　FS0148

馴果記
從諸神的花園、人間的天堂、大眾的果物到現代超市蔬果區，
果園改造土地、誘發哲思、觸動感官的千萬年故事

作　　　者	貝恩德‧布倫納（Bernd Brunner）
譯　　　者	林潔盈
副總編輯	劉麗真
主　　　編	陳逸瑛、顧立平
封面設計	廖韡

發 行 人	涂玉雲
出　　　版	臉譜出版
	城邦文化事業股份有限公司
	台北市中山區民生東路二段141號5樓
	電話：886-2-25007696　傳真：886-2-25001952
發　　　行	英屬蓋曼群島商家庭傳媒股份有限公司城邦分公司
	台北市中山區民生東路二段141號11樓
	客服服務專線：886-2-25007718；25007719
	24小時傳真專線：886-2-25001990；25001991
	服務時間：週一至週五上午09:30-12:00；下午13:30-17:00
	劃撥帳號：19863813　戶名：書虫股份有限公司
	讀者服務信箱：service@readingclub.com.tw
香港發行所	城邦（香港）出版集團有限公司
	香港灣仔駱克道193號東超商業中心1樓
	電話：852-25086231　傳真：852-25789337
馬新發行所	城邦（馬新）出版集團 Cité (M) Sdn Bhd
	41-3, Jalan Radin Anum, Bandar Baru Sri Petaling, 57000 Kuala Lumpur, Malaysia
	電話：603-90563833　傳真：603-90576622
	E-mail: services@cite.my

城邦讀書花園
www.cite.com.tw

初版一刷　2022年5月31日
ISBN 978-626-315-114-7

定價：599元

版權所有‧翻印必究（Printed in Taiwan）
（本書如有缺頁、破損、倒裝，請寄回更換）